AF453096

L'ARITHMÉTIQUE

ENSEIGNÉE

*Chaque exemplaire est revêtu de la signature des Édi-
teurs. Nous poursuivrons les contrefacteurs et les débi-
tants de contrefaçons de cette méthode toute nouvelle.*

Paris.—Typ Morris et Comp., rue Amelot, 64

L'ARITHMÉTIQUE

ENSEIGNÉE

OU

NOUVELLE MÉTHODE

POUR

ÉTUDIER L'ARITHMÉTIQUE

PAR

M. CHARLES SABATÉ

Chef d'Institution.

———◦◇◦———

Première Année.

PARTIE DU MAITRE.

———◦◇◦———

PARIS

LAROUSSE ET BOYER, LIBRAIRES-ÉDITEUR

RUE SAINT-ANDRÉ-DES-ARTS, 49.

ERRATA DE LA PARTIE DE L'ÉLÈVE

Page 2, ligne 4 en remontant, plus un six, *lisez* : six plus un.

— 61, — 8 en remontant, 40 jours, *lisez* : 30 jours.

— 64, — 12, dividende, *lisez* : diviseur.

— 81, — 3, parcoura, *lisez* : parcourus.

— 85, — 15, 482, *lisez* : 882.

— 144, — 16, par le double nombre, *lisez* : par ce double
le nombre.

— 172, — 5 en remontant, 3... $x + 3$, *lisez* : ... $3 x + 3$.

— 241 — 8, $\dfrac{30 \times 4 \times 5}{1200} \times$, *lisez* : $\dfrac{30 \times 4 \times 5}{1200} +$

L'ARITHMÉTIQUE

ENSEIGNÉE.

LIVRE PREMIER

CHAPITRE PREMIER.

PREMIÈRE LEÇON.

1. Les mille sont les unités du 4ᵉ ordre ; les billions, du 10ᵉ ; les dizaines de mille, du 5ᵉ ; les centaines de billions, du 12ᵉ ; les unités simples, du 1ᵉʳ ; les centaines de millions, du 9ᵉ ; les trillions, du 13ᵉ ; les dizaines, du 2ᵉ ; les dizaines de billions, du 11ᵉ ; les centaines, du 3ᵉ ; les centaines de trillions, du 15ᵉ ; les centaines de mille, du 6ᵉ ; les dizaines de millions, du 8ᵉ ; les dizaines de trillions, du 14ᵉ ; les millions, du 7ᵉ.

2. Les unités simples sont les unités du 1ᵉʳ ordre ; les centaines de mille, du 6ᵉ ; les trillions, du 13ᵉ ; les centaines, du 3ᵉ ; les dizaines de billions, du 11ᵉ ; les centaines de millions, du 9ᵉ ; les dizaines, du 2ᵉ ; les billions, du 10ᵉ ; les dizaines de trillions, du 14ᵉ ; les millions, du 7ᵉ ; les centaines de billions, du 12ᵉ ; les mille, du 4ᵉ ; les dizaines de millions, du 8ᵉ ; les centaines de trillions, du 15ᵉ ; les dizaines de mille, du 5ᵉ.

3. Un million vaut dix centaines de mille ; une centaine de mille vaut dix dizaines de mille ; une dizaine de billions vaut dix billions, etc., etc.

4. Dix millions valent une dizaine de millions ; dix centaines de mille valent un million ; dix dizaines de billions valent une centaine de billions, etc., etc.

Nombres abstraits : 12... 4... 16... 50... 45... 102... 840... 528... 418... 672.

Nombres concrets : 3 plumes, 5 cahiers, 12 crayons, 50 francs, 60 kilogrammes, 250 litres, 300 mètres, 80 soldats, 65 ouvriers, 850 moutons.

DEUXIÈME LEÇON.

1. Le 4ᵉ chiffre d'un nombre en comptant de droite à gauche représente des mille ; le 7ᵉ, des millions ; le 12ᵉ, des centaines de billions ; le 5ᵉ, des dizaines de mille ; le 15ᵉ, des centaines de trillions ; le 2ᵉ, des dizaines ; le 10ᵉ, des billions ; le 14ᵉ, des dizaines de trillions ; le 3ᵉ, des centaines ; le 1ᵉʳ, des unités simples ; le 6ᵉ, des centaines de mille ; le 9ᵉ, des centaines de millions ; le 13ᵉ, des trillions ; le 8ᵉ, des dizaines de millions ; le 11ᵉ, des dizaines de billions.

2. Pour représenter des mille il faut 4 chiffres ; pour des centaines de billions, 12 ; pour des dizaines, 2 ; pour des dizaines de millions, 8 ; pour des trillions, 13 ; pour des centaines de mille, 6 ; pour des centaines de trillions, 15 ; pour des billions, 10 ; pour des unités simples, 1 ; pour des dizaines de billions, 11 ; pour des millions, 7 ; pour des dizaines de trillions, 14 ; pour des centaines, 3 ; pour des dizaines de mille, 5 ; pour des centaines de millions, 9.

Sept... trente-deux... cinq cent six... soixante-dix-huit... six... six cent quatre-vingt-dix... cent... dix... un... trois cent cinquante-quatre... sept cent soixante-dix-sept... cinq cent huit... deux cent soixante... neuf cent quatre-vingt-dix-neuf... quatre cents... sept cent quatre-vingt-douze... quatre-vingt-dix...

cinq cent onze... deux cent soixante-quinze... quatre-vingt-seize... quatre-vingt-six... deux cent soixante-quatorze... deux cent soixante-quatre... quatre cent trois... cent un... six cent six... trois mille six cent trois... quarante-six mille sept cent deux... cinq cent quatre mille... deux millions, quarante mille, cent deux... soixante-quinze millions, cent soixante-dix-huit mille, deux cent quatre-vingt-treize... six cent vingt-sept millions, six cent cinquante-trois... deux cent quarante-cinq millions, trente-six mille, deux cent soixante-treize... quatre cent sept mille, deux... trois billions, cinq cent vingt-trois millions, deux cent soixante-huit mille, quatre... huit millions... cinquante-six millions... trois cent soixante-quinze millions, deux cent mille, quarante-deux... quarante-trois trillions, deux cent cinquante-trois billions, soixante-quinze millions, trois cent quatre-vingt-dix mille, quatre cent soixante-douze... cinq cent douze trillions, quatre cent soixante millions, sept cent douze mille, cent quatre.

TROISIÈME LEÇON.

002... 064... 112... 306... 800... 009... 020... 097... 075..
087... 0 65... 010... 042... 001... 176... 694... 110... 850... 035...
500... 711... 014.

68310009... 4000153296... 56000000... 72804... 425006002...
900048... 215058290... 42377... 50012003071... 4163234.

QUATRIÈME LEÇON.

1. Les millionièmes sont les décimales du 6ᵉ ordre ; les cent-billionièmes, du 11ᵉ ; les dix-millièmes, du 4ᵉ ; les billionièmes, du 9ᵉ ; les dixièmes, du 1ᵉʳ ; les dix-billionièmes, du 10ᵉ ; les dix-millionièmes, du 7ᵉ ; les centièmes, du 2ᵉ ; les cent-millionièmes, du 8ᵉ ; les millièmes, du 3ᵉ ; les trillionièmes, du 12ᵉ ; les cent-millièmes, du 5ᵉ.

2. Les cent-millionièmes sont les décimales du 8ᵉ ordre ; les millièmes, du 3ᵉ ; les cent-billionièmes, du 11ᵉ ; les dixièmes, du 1ᵉʳ, etc., etc.

3. Le 4ᵉ chiffre d'un nombre décimal, en comptant de gauche à droite après la virgule, représente des dix-millièmes ; le 7ᵉ, des dix-millionièmes ; le 12ᵉ, des trillionièmes ; le 5ᵉ, des cent-millièmes ; le 2ᵉ, des centièmes ; le 10ᵉ, des dix-billionièmes ; le 6ᵉ, des millionièmes ; le 3ᵉ, des millièmes ; le 1ᵉʳ, des dixièmes ; le 9ᵉ, des billionièmes ; le 11ᵉ, des cent-billionièmes ; le 13ᵉ, des dix-trillionièmes ; le 8ᵉ, des cent-millionièmes.

4. Pour représenter des millièmes il faut 3 chiffres après la virgule ; pour des cent-billionièmes, 11 ; pour des dixièmes, 1 ; pour des dix-millionièmes, 7 ; etc., etc.

5. Le dernier chiffre à droite du nombre 34,15 représente des centièmes ; du nombre 5,34763, des cent-millièmes ; du nombre 714,004, des millièmes ; du nombre 0,730620741034, des trillionièmes ; du nombre 0,123456, des millionièmes ; du nombre 4725,3, des dixièmes ; du nombre 4,23450108, des cent-millionièmes ; du nombre 347,00063791034, des cent-billionièmes ; du nombre 0,345630261, des billionièmes ; du nombre 46.2735, des dix-millièmes ; du nombre 0,3641067, des dix-millionièmes ; du nombre 673,0103627436, des dix-billionièmes.

6. Un millième vaut dix dix-millièmes ; un cent-millionième, dix-billionièmes, etc., etc.

7. Dix millièmes valent un centième ; dix cent-millionièmes,
un dix-millionième, etc., etc.

CINQUIÈME LEÇON.

Quatre cent vingt-cinq unités, vingt-sept centièmes... cinquante-deux unités, trois mille cinq cent quarante-trois dix-
millièmes... huit unités, deux dixièmes... six unités, soixante-
quatorze mille cinq cent trois cent-millièmes... deux cent
cinquante-trois unités, cinq cent trente-sept millièmes... six
mille sept cent vingt-quatre unités, deux cent soixante-quatre
millièmes... neuf cent quatre unités, trente-deux dix-millè-
mes... cinquante-trois unités, quatre mille trente-sept cent-
millièmes... deux mille cinq cent dix unités, un centième...
trente-quatre unités, deux cent trente-cinq dix millièmes.

Soixante-quinze unités, trente-sept mille neuf cent trente-
deux millionièmes... cinquante-trois unités, trois mille vingt-
six dix-millièmes... cinquante-trois mille sept cent soixante-deux
cent-millièmes... quatre dix-millièmes... vingt millions, trente-
cinq mille sept cent quarante-six cent-millionièmes... quatre
millions, cinquante-sept mille quatre cent trente-deux dix-billionièmes... trois cent quarante-cinq unités, trois centièmes...
vingt-sept unités, cinq cent trente-six cent-millièmes... huit
unités, soixante-douze dix-millièmes... quatorze unités, quarante-sept cent-millièmes.

Trois mille sept cent cinquante-deux francs, cinquante-trois
centimes... quatre cent trois francs, trois décimes... cinquante-
trois francs, trois cent vingt-six millièmes... deux cent soixante-
cinq francs, quatre centimes... trente-sept francs, six mille,
soixante-quatre dix-millièmes... cinq cent quarante-huit francs,
trente centimes... cinq centimes... trois cent cinquante-six millièmes... neuf décimes... dix francs, soixante-deux centimes.

Cent vingt-sept mètres, quatre cent quatre-vingt-sept millimètres... douze mètres, soixante-dix-sept centimètres... cinq

mètres, trois centimètres... six décimètres... seize mètres, huit millimètres... trente-neuf mètres, soixante-treize mille cinq cent vingt-quatre cent-millimètres... quatre mètres, quatre-vingt-seize millimètres... soixante-quinze centimètres... deux mille six cent quarante-huit mètres, trois mille sept cent vingt-six dix-millimètres... cent mètres, quatre dix-millimètres.

Trois mille six cent soixante-quinze kilogrammes, deux cent quatre-vingt-seize grammes... cinq cent soixante-trois kilogrammes, trois décagrammes... soixante-seize kilogrammes, deux hectogrammes... six kilogrammes, sept cent quatre-vingt-onze grammes... trente-sept kilogrammes, six grammes... quarante-quatre décagrammes... dix-neuf kilogrammes, cinq cent quatre grammes... un kilogramme, quarante-trois décagrammes... trois cent quatre-vingt-quatorze kilogrammes, soixante-deux grammes... soixante-quinze kilogrammes, trois cents grammes.

SIXIÈME LEÇON.

3,0012... 0,00000548... $16^f,32$... 108,003402... $48^k,086$... $9^m,014$... $7^f,04$... $12^f,0015$... 0,018... 0,000132672... $220^m,09$... $14^k,13$... $0^f,65$... $0^m,015$... 0,0648... 0,09712... $190^f,08$... 4,0110837... $3^m,007$... $0^f,09$... $16^k,4$.

Nombres mal écrits.	Nombres bien écrits.
0,34 (millièmes)	0,034
12,523 (millionièmes)	12,000523
0,007 (cent millièmes)	0,00007
0,41326 (dix-millionièmes)	0,0041326
24,62 (dix-millièmes)	24,0062
$4^f,3$ (centimes)	$4^f,03$
55 (centimes)	$0^f,55$
$62^m,13$ (millimètres)	$62^m,013$
$0^m,75$ (dix-millimètres)	0,0075

6 (décimètres).................................... $0^m,6$
$325^k,14$ (grammes)............................. $325^k,014$
$18^k,032$ (décagrammes)......................... $18^k,32$

SEPTIÈME LEÇON (1).

1. 43766 unités valent 4376,6 (dizaines). 43,766 (mille). 437,66 (centaines). 4,3766 (dizaines de mille.)

2436857 dizaines valent 24,36857 (millions) 24368,57 (mille) 243685,7 (centaines) 243,6857 (centaines de mille.)

847462,254 valent 8474622,54 (dixièmes) 8474,62254 (centaines) 847462254 millièmes, 8,47462254 (centaines de mille) 84746225,4 (centièmes.)

734,306842 valent 73430684,2 (cent-millièmes) 7,34306842 (centaines), 7343068,42 (dix-millièmes) 7343,06842 (dixièmes) 734306842 millionièmes.

2. 1 million vaut 10000 centaines, 100000000 centièmes, 1000 mille, 1000000000 millièmes, 100000 dizaines.

326 mille valent 32600 dizaines 32600000000 cent-millièmes, 3260000 dixièmes, 326000000000 millionièmes, 3260 centaines.

3. 34 millièmes valent les 0,00034 d'une centaine ; les 0,000000034 d'un million ; les 0,0034 d'une dizaine; les 0,000034 d'un mille.

327 centaines valent les 0,0000327 d'un billion ; les 0,327 d'une centaine de mille ; les 0,00000327 d'une dizaine de billion ; les 0,0327 d'un million.

*(1) Le mot entre parenthèses indique l'espèce d'unités représentée par la partie entière du nombre.

4. 572 kilogrammes valent 5720 hectogrammes, 57200 décagrammes, 572000 grammes.

52 francs valent 5200 centimes, 520 décimes.

12 mètres valent 1200 centimètres, 120 décimètres, 120000 dix-millimètres, 12000 millimètres.

Il y a 436^f,25 dans 43625 centimes ; 3^f,275 dans 3275 millièmes ; 438^f,9 dans 4389 décimes.

Il y a 6^m,128 dans 6128 millimètres ; 4726^m,94 dans 472694 centimètres ; 406^m,2 dans 4062 décimètres.

NEUVIÈME LEÇON.

---

2. Chacun des nombres à additionner est plus petit que la somme.

3. La somme est plus grande que, etc.

4. La somme est égale à, etc.

5. La somme est de la même espèce que les nombres à additionner.

6. Des francs ajoutés à des francs forment une somme qui représente des francs.

7. Si nous augmentons, etc...., la somme deviendra plus grande.

8. Si nous diminuons, etc..., la somme deviendra plus petite.

9. Si nous augmentons, etc..., la somme ne changera pas.

64 ; je pose 4 et retiens 6... 7 ; je pose 7... 10 ; je pose 0 et retiens 1, etc...

Réponse aux six additions.

1.) 2272914... **2.)** 2160873... **3.)** 25942082...

4.) 585^f,413... **5.)** 265^m,180... **6.)** 173^k,861.

DIXIÈME LEÇON.

1.) 157431...   2.) 13954874...   3.) 139211...
4.) 182974...   5.) 3433226...   6.) 278,591...
7.) 1207,1348...   8.) 1022,65...   9.) 13,1322...
10.) 216,5617.

ONZIÈME LEÇON.

1.	2.	3.	4.	5.
148	986	6043	1164	775
472	802	2322	1223	5003
97	327	878	3514	11247
352	650	7500	1529	2729
46	216	295	618	578
703	34	952	92	492
20	194	3004	7026	245
209	573	537	500	2033
		19603	1608	905
2047	3782		346	24007
		41134		
			17620	

6.	7.	8.	9.	10.
12,16	0,0348	$32^l,14$	$18^m,035$	$5^k,948$
5,047	2,659	19 ,10	4 ,36	2 ,07
32,44	0,735	6 ,4	21 ,68	3 ,5
0,035	7,09	12	0 ,349	10 ,056
0,66	0,8	9 ,408	2 ,8	6
13,9	3,0915	0 ,74	0 ,85	1 ,04
55,072	3.5	2 ,33	0 ,7	7 ,102
	14,007	4		11 ,2
119,314			$48^m,774$	
	31,9173	86 ,118		$40^k,916$

DOUZIÈME LEÇON.

1er Tableau.

Lundi............	41ᶠ,63		
Mardi............	62 ,43	Pain............	138ᶠ,60
Mercredi.........	35 ,75	Viande..........	78 ,20
Jeudi...........	39 ,25	Vin	24 ,70
Vendredi.........	31 ,73	Légumes.........	24 ,01
Samedi.	40 ,32	Bois............	14 ,95
Dimanche........	43 ,65	Objets divers......	14 ,30
Total.......	294ᶠ,76	Total égal...	294ᶠ,76

2e Tableau.

Lundi............	40ᶠ,25		
Mardi............	33 ,35	Pain............	87ᶠ,30
Mercredi.........	40 ,50	Viande	57 ,85
Jeudi...........	28 ,25	Vin	14 ,60
Vendredi.........	22 ,80	Légumes.........	17 ,55
Samedi.	24 ,40	Bois............	16 ,25
Dimanche........	32 ,30	Objets divers......	28 ,30
Total.	221ᶠ,85	Total égal...	221ᶠ,85

TREIZIÈME LEÇON.

Jours.	1	33f,50		Jours.	16	11f,10
—	2	8 ,95		—	17	10 ,55
—	3	27 ,25		—	18	7 ,05
—	4	11 ,90		—	19	17 ,15
—	5	36 ,55		—	20	34 ,45
—	6	6 ,05		—	21	31 ,45
—	7	12 ,45		—	22	11 ,15
—	8	12 ,65		—	23	9 ,95
—	9	10		—	24	6, 20
—	10	39 ,95		—	25	39 ,85
—	11	8, 50		—	26	9 ,75
—	12	11 ,55		—	27	8 ,30
—	13	32 ,60		—	28	20 ,80
—	14	6 ,95		—	29	17 ,30
—	15	38 ,85		—	30	7 ,45

Total............ 540f,20.

Pain.......................	173f,60
Viande.....................	96 ,95
Vin.......................	78 ,55
Légumes...................	74 ,80
Bois......................	46 , »
Objets divers..............	70 ,30
Total égal......	540f,20

QUATORZIÈME LEÇON.

1. Oui ; car Félix a maintenant les 33^f,75 qu'il avait, *plus* les 18^f,30 que son père lui a donnés. = 52^f,05.

2. Non ; car il a *moins* qu'il n'avait.

3. Oui ; car il aura quinze ans en une année *plus* avancée que 1843 de 15 ans = 1858.

4. Non ; car il est né en une année *moins* avancée que 1850.

5. Non ; car il a *moins* qu'il n'avait.

6. Oui ; car il a dépensé 3^f,70 pour le polichinelle, *plus* 6^f,85 pour la serinette ; = 10^f,55.

7. Non ; car on ne peut pas additionner des quantités d'espèces différentes.

8 et **9.** Non ; car on ne peut pas additionner des quantités d'espèces différentes.

10. Oui ; car Félix travaille 4 heures le matin, *plus* 5 heures le soir = 9 heures.

11. Oui ; car il a fait 12 additions, *plus* 9 soustractions = 21 opérations d'arithmétique.

12. Non ; car ni Félix ni Joseph n'ont 63^f, plus 52^f.

QUINZIÈME LEÇON.

1. Le troupeau est composé de 225 brebis + 76 moutons + 192 agneaux = 493 bêtes.

2. La population totale est celle des cinq villes ensemble = 1301.711.

3. La recette est égale à la valeur de toutes les choses vendues = 1294^f,44.

4. Le chargement égale le poids de la farine, du sucre, du café et du chocolat = 823 kilog.

5. La bourse contiendra l'argent des quatre individus = 156^f,25.

6. Il a fait en une semaine la somme des mètres qu'il a faits chaque jour = 45^m,78.

7. Il a vendu en tout les 2^k,13 de la première fois + les 3^k,2 de la 2e + etc. = 9^k,555.

8. Il y a les cantons et les communes des trois arrondissements.

	Cantons.	Communes.
1er arrondissement.....	7	85
2e id.	4	41
3e id.	6	101
	17 cantons.	227 communes.

9. Ils ont fabriqué les limes, les écrous et les serrures des 5 ateliers.

	Limes.	Écrous.	Serrures.
1er atelier......	260	865	138
2e id.	392	1258	»
3e id.	»	726	227
4e id.	267	»	164
5e id.	305	907	180
Totaux......	1224	3756	709

Et en tout.............. 1224 limes.
3756 écrous.
709 serrures.

5689 objets.

10. Ils ont, savoir :

Joseph	48^f,75
Dieûdonné....................	52 , »
Louis.......................	37 ,45
Félix... 48,75 $+$ 37,45 $=$...	86 ,20
Et tous les quatre...	224^f,40

11. Il a gagné, savoir :

Le lundi.....................	3^f,25
Le mardi.....................	4 ,15
Le mercredi..................	3 ,85
Le jeudi.....................	5 ,50
Le vendredi 3^f,25 $+$ 3^f,85 $=$..	7 ,10
Le samedi 4^f,15 $+$ 7^f,10 $=$....	11 ,25
Et la semaine................	35^f,10

12. La population est celle des cinq quartiers ensemble :

	Hommes.	Femmes.	Garçons.	Filles.
1er quartier....	328	314	427	392
2e id. ...	474	504	568	524
3e id. ...	260	243	317	342
4e id. ...	328	314	427	392
5e id. ...	316	313	367	389
Totaux.....	1706	1688	2106	2039

Et en tout.............
{ 1706 hommes.
  1688 femmes.
  2106 garçons.
  2039 filles.

7539 habitants.

SEIZIÈME LEÇON.

1.) 87 soldats... **2.)** Félix a 64^f,05... **3.)** 1457 arbres...

4.) Le tonneau contient 1294 litres... **5.**) 164 bâtiments...
6.) L'employé a gagné 1869ᶠ dans un an... **7.**) 144 ouvriers...
8.) La hauteur de la maison = 18ᵐ,05... **9.**) 895 fruits...
10.) La charge du mulet est de 121 kilogrammes... **11.**) 9236
hommes... **12.**) 236 opérations d'arithmétique... **13.**) 661
mots... **14.**) L'année où l'on est = 1856... **15.**) L'année où mourut
Louis XIV = 1715.

DIX-SEPTIÈME LEÇON.

1. J'ai acheté une douzaine de mouchoirs pour 15ᶠ,35, une
cravate de 9ᶠ,40, un chapeau de 18ᶠ, un gilet de 16ᶠ,25, un
pantalon de 32ᶠ,80 et un paletot de 102ᶠ : combien ai-je dépensé en tout? Rép. 193ᶠ,80.

2. Il y a dans une salle d'armes 2634 fusils, 864 carabines,
453 mousquets et 1062 pistolets : combien y a-t-il d'armes en
tout ? Rép. 5013.

3. Un pêcheur a pris une 1ʳᵉ fois 126 brochets et 86 an-
guilles; une 2ᵉ fois, 34 saumons et 6 turbots, et une 3ᵉ fois,
324 merlans : combien de poissons a-t-il pris en tout? Rép. 576.

4. Un chasseur a tué en trois mois, 14 lièvres, 52 lapins,
68 perdreaux, 3 chevreuils, 16 faisans et 6 daims : combien de
pièces de gibier a-t-il abattues en tout? Rép. 159.

5. Pierre a fait 274ᵐ,60 d'un certain ouvrage ; Paul 525ᵐ,753;
Jean 328ᵐ; André 672ᵐ,5 et Jacques 246ᵐ : combien de mètres
ont-ils faits ensemble? Rép. 2046ᵐ,853.

6. Une caisse contient 14ᵏ,3 de sucre, 9ᵏ,856 de dragées,
2ᵏ,33 de biscuits, 17ᵏ de chocolat, 5ᵏ,625 de cassonnade et 6ᵏ de
pruneaux : quel est le poids de cette caisse si, vide, elle pèse
12ᵏ? Rép. 67ᵏ,111.

7. En 1854 il y a eu à Perpignan 344 naissances, 295 décès
et 103 mariages; en 1855 il y a eu 364 naissances, 320 décès et

92 mariages. Combien d'actes de l'état civil a dû rédiger M. le maire dans ces deux années ? Rép. 1518.

8. Les Russes se battant contre les Français ont eu, dans un premier engagement, 158 tués et 453 blessés; dans un second, 272 tués et 640 blessés; dans un troisième, 1265 tués et 4824 blessés : combien ont-ils eu de tués ? Rép. 1695. Combien de blessés ? Rép. 5917. Et combien d'hommes hors de combat ? Rép. 7612.

DIX-HUITIÈME LEÇON (N° 37).

1° Le petit nombre......... égale le grand nombre.
2° Le grand nombre........ égale le petit nombre.
3° La différence .... que les deux nombres.
4° Si nous augmentons..... plus grande.
5° Si nous diminuons...... plus petite.
6° Si nous augmentons..... plus petite.
7° Si nous diminuons ...... plus grande.
8° Si, etc................. ne changera pas.

1.) 21426464... **2.)** 1616040708... **3.)** 4713268551...
4.) 18572169... **5.)** 739808945... **6.)** 29522480704...

DIX-NEUVIÈME LEÇON.

1.) 3393262136... **2.)** 270620657... **3.)** 25659472007...
4.) 204,345... **5.)** 38,52... **6.)** 644,6905...
7.) 59560,75... **8.)** 2246411... **9.)** 21296939...

10.) 7400568...   **11.)** 114337...   **12.)** 8023352...
13.) 673870637...   **14.)** 4,371...   **15.)** 47,5726...
16.) 4557,72...   **17.)** 6581ᶠ,56...   **18.)** 230ᶠ,425...
19.) 242ᵐ,25.

VINGTIÈME LEÇON.

1. Que le marchand a vendu l'article 3ᶠ plus cher qu'il ne l'avait acheté.

2. Que le marchand l'a vendu 3ᶠ moins cher qu'il ne l'avait acheté.

3. Qu'il a dépensé 100ᶠ de moins qu'il n'avait gagné.

4. Qu'il a dépensé 100ᶠ de plus qu'il n'avait gagné.

5. Le prix de vente et le prix d'achat.

6. Ce qu'il avait et ce qu'il a dépensé ou payé.

7. L'année de ma naissance.

8. L'âge que j'ai.

9. Combien il s'est passé d'années depuis cet événement.

10. L'année où cet événement a eu lieu.

11. Combien j'ai gagné.

12. Combien j'ai perdu.

13. Combien j'ai économisé.

14. De combien je me suis arriéré.

15. Combien il me reste à devoir.

16. Combien d'années mon père a de plus que moi, ou l'âge qu'il avait quand je suis né.

17. Combien d'années il a vécu.

18. De combien la population a augmenté.

19. De combien la population a diminué.

20. Toute la somme moins la part des autres.

VINGT-ET-UNIÈME LEÇON.

1. $275408 - 96364 = 179044$.

2. De $34^m,65 - 29^m,80 = 4^m,85$.

3. Il a l'âge qu'il avait lorsqu'il s'est marié, plus le temps qui s'est passé depuis cette époque... 25 ans $+$ 32 ans $=$ 57 ans.

4. La différence... $116340 - 86007 = 30333$.

5. 396 de moins qu'il n'en contenait... $875 - 396 = 479$ litres.

6. Ceux qu'il avait, plus le renfort... $15700 + 2545 = 18245$ hommes.

7. Ceux qu'il avait, moins ceux qu'il a laissés dans les hôpitaux... $15700 - 1864 = 13836$.

8. Le Mont-Blanc... de la différence... $4810 - 3237 = 1573$ mètres.

9. Ce qu'elle coûte, plus ce qu'on veut gagner... $365^f + 53^f,60 = 418^f,60$.

10. L'année qui est plus reculée de 53 ans ; d'où $1673 - 53 = 1620$.

11. Le Nil est plus long de $4222 - 3022 = 1200$ kilomètres.

12. A la hauteur des deux tours réunies... $69^m + 39^m,50 = 108^m,50$.

13. La porte Saint-Martin est plus ancienne que la porte Saint-Denis de 1670 années $- 1614 = 56$ ans.

14. 1° Le mont Saint-Élie qui est plus élevé que le mont Perdu de $5113^m - 3410 = 1703^m$; que le mont Saint-Bernard, de $5113^m - 3517 = 1596^m$; que le mont Rose, de $5113 - 4736 = 377^m$. 2° Le mont Perdu qui est moins élevé que le mont Saint-Élie, de $5113^m - 3410 = 1703^m$; que le mont Saint-Bernard, de $3517^m - 3410 = 107^m$; que le mont Rose, de $4736^m - 3410 = 1326^m$.

15. 1° de $4725^f,65 - 3265,80 = 1459^f,85$... 2° $4725^f,65 + 3265^f,80 = 7991^f,45$.

16. 1° La somme des 4 départements = 1214788... 2° Celui de la Charente, qui a 379031 — 368122 = 10909 habitants de plus que le département de l'Ain; 379031 — 285680 = 93351 habitants de plus que le département de la Creuse; 379031 — 181955 = 197076 habitants de plus que le département des Pyrénées-Orientales... 3° Celui des Pyrénées-Orientales, qui a 197076 habitants de moins que le département de la Charente; 285680 — 181955 = 103725 habitants de moins que le département de la Creuse, et 368122 — 181955 = 186167 habitants de moins que le département de l'Ain.

VINGT-DEUXIÈME LEÇON.

Recettes....................	338ᶠ,65
Dépenses....................	323 ,75
Excédant des recettes..........	14ᶠ,90

VINGT-TROISIÈME LEÇON.

1. Combien a-t-il économisé?

2. De combien s'est-il arriéré?

3. Il m'a payé 80ᶠ...

4. De combien est-il en avances, ou combien lui dois-je?

5. Il l'a vendue 910ᶠ...

6. Combien a-t-il perdu?

7. Combien reste-t-il de kilogrammes dans la caisse?...

8. Il lui en reste 40...

9. Combien de mètres a-t-il faits?...

10. Combien d'années après Louis IX Charles X est-il monté sur le trône?

11. Quand a eu lieu la première croisade?

12. Combien de kilomètres a-t-il a parcourir encore?

13. Quand celui-ci fut-il roi?

14. Il lui en reste 96 à parcourir...

VINGT-QUATRIÈME LEÇON.

---

1. Il est rentré chez lui avec le reste de son argent. Or, je trouverai ce reste en prenant la différence de ce qu'il a dépensé à ce qu'il a eu. Ainsi :

Il avait en allant au marché.................	400^f, »
Haricots vendus..........................	168 , »
Blé vendu............................	123 ,05
Donc il a eu.................	691^f,05
Il a dépensé : pour l'achat du cheval......	354^f, »
Dette payée................	264 ,65
Donc il a déboursé..........	618^f,65
Il a eu....................	691^f,05
Il a déboursé................	618 ,65
Donc il lui reste............	72^f,40

2. Il lui reste la toile qu'il avait moins celle qu'il a vendue. Or, il avait $132^m + 103^m + 87^m + 114^m + 94^m = ...$ 530^m, »
Il a vendu $63^m,25$ à B. $+ 48^m,50$ à C. $+ 136^m$ à D. $=$ 247^m,75

Donc il lui reste............ 282^m,25

3. Il lui reste la somme qu'il avait moins ce qu'il a dépensé.

Il avait . . . .   18500ᶠ, »

Il a dépensé 3525ᶠ pour toile, + 9600ᶠ pour
drap, + 2758ᶠ pour indiennes, + 186ᶠ,50 pour
voyage et séjour = ...   16069ᶠ,50

Donc il a rapporté chez lui. 2430ᶠ,50

4. Celui qui a fourni le moins doit, et il doit ce qu'il a fourni
de moins.

Pierre a fourni 720ᶠ pour les poutres, + 348ᶠ pour les soli-
veaux, + 643ᶠ25 qu'il a payés pour Paul = ...   1711ᶠ,25
Paul a fourni 314ᶠ,30 + 69ᶠ,40 + 566ᶠ + 200 =   1149 ,70

Donc Paul doit à Pierre. 561ᶠ,55

5. Le 5ᵉ aura la somme diminuée de la part des quatre autres.

La somme à partager est. . . . .   36850ᶠ, »
Le 1ᵉʳ a 6434ᶠ,75
Le 2ᵉ a 6434ᶠ,75 + 316ᶠ,60 =   6751 ,35
Le 3ᵉ a 6751ᶠ,35 — 500 = . . .   6251 ,35
Le 4ᵉ a. . . . .   8250 , »

Les 4 ensemble ont. . . . .   27687 ,45

Donc il reste pour le 5ᵉ. 9162ᶠ,55

VINGT-CINQUIÈME LEÇON.

2° Que le multiplicande est le nombre qui doit être répété;

3° Que le multiplicateur est le nombre qui indique combien
de fois le multiplicande doit être répété;

4° Que le produit est de la même espèce que le multiplicande;

5° Que, si, etc... le produit est égal au multiplicande;

6° Que, si, etc... le produit est plus grand que le multiplicande;

7° Que si, etc... le produit est plus petit que le multiplicande;

8° Que si, etc... le produit devient plus grand;

9° Que si, etc... le produit devient plus petit;

10° Que si, etc... le produit devient 2, 3, 4, etc., fois plus grand;

11° Que si, etc.... le produit devient 2, 3, 4, etc., fois plus petit;

12° Que si, etc... le produit ne change pas;

13° Que le multiplicateur est toujours un nombre abstrait.

VINGT-SIXIÈME LEÇON.

1). 2202918...   2.) 3338191932...   3.) 9202081...
4.) 8293433221...   5.) 198034620...   6.) 279161850338...
7.) 2601669980...   8.) 221267808...   9.) 1121053708...
10.) 11148544...   11.) 801756701...   12.) 309431328948.

VINGT-SEPTIÈME LEÇON.

1.) 2195548004...   2.) 255237945272...   3.) 1322826018...
4.) 318570786496...   5.) 5584881016...   6.) 1704539341125.
7.) 149332000...   8.) 22092000000...   9.) 9120000...
10.) 2871450000..   11.) 3174260600...   12.) 675130000000.

VINGT-HUITIÈME LEÇON.

1.) 191,08188	**11.**) 34700	**21.**) 720
2.) 35704,0575	**12.**) 12,54	**22.**) 67340
3.) 3868295,43066	**13.**) 527000	**23.**) 3000
4.) 1263,822	**14.**) 280000	**24.**) 3467000
5.) 30,884907	**15.**) 678400	**25.**) 5670
6.) 4642,456	**16.**) 3427	**26.**) 6243500000
7.) 0,00194142	**17.**) 67,8	**27.**) 230
8.) 0,0050	**18.**) 247004,6	**28.**) 2572600
9.) 0,024240	**19.**) 1,035	**29.**) 95000
10.) 0,0000081	**20.**) 5368	**30.**) 62000

VINGT-NEUVIÈME LEÇON.

1. Puisqu'un kilogramme vaut $1^f,85$, 48 kilog. valent 48 fois plus, ou $1^f,85 \times 48 = 88^f,80$.

2. Puisqu'un ouvrier doit recevoir $14^f,30$, 126 ouvriers recevront 126 fois plus $= 1801^f,80$.

3. Si pour un homme il faut $4^m,75$, pour 365 hommes il faudra 365 fois plus $= 1733^m,75$.

4. Puisqu'une page contient 1209 lettres, 643 pages en contiennent 643 fois plus $= 777387$.

5. Puisqu'en un jour il parcourt 138 kilomètres, en 26 jours il en parcourra 26 fois plus $= 3588$ kilomètres.

6. J'ai dépensé : pour la toile 182 fois $2^f,40$...... $436^f,80$
      id.   pour le calicot 127 fois 0,85.....   107 ,95

                            Total.......... $544^f,75$

7. J'ai retiré du café 64 fois 2^f,65...   180^f,20

Il me coûtait.................   130 , »

       J'ai donc gagné........   50^f,20

8. J'ai gagné par mètre 11^f,60 — 10^f, = 1^f,60;

Tout le drap m'avait coûté 165 fois 10^f = 1650;

J'en ai retiré 165 fois 11^f,60 = 1914;

J'ai gagné en tout 165 fois 1^f,60 ou 1914 — 1650 = 264.

9. Il a économisé ce qu'il a gagné moins ce qu'il a dépensé. Or :

Il a gagné 225 fois 6^f,50......... =   1462^f,50

Il a dépensé 225 fois 4^f,35 .... =   978 ,75

       Donc il a économisé.....   483^f,75

AUTRE SOLUTION. — Il a économisé chaque jour 6^f,50 — 4^f,35 = 2^f,15, et dans 225 jours 225 fois 2^f,15 = 483^f,75.

10. Ils coûtent autant de fois 4^f,85 qu'il y a de doubles décalitres.

Si un sac contient 5 doubles décalitres, 148 en contiennent 148 fois 5 = 740.

Si un double décalitre coûte 4^f,85, 740 coûtent 740 fois plus = 3589^f.

TRENTIÈME LEÇON.

1.)	544,64		**6.)**	510,88
2.)	720,39		**7.)**	1163,19
3.)	560,55		**8.)**	217,50
4.)	298,09		**9.)**	1613,91
5.)	339,53		**10.)**	47,17

Sucre... 6^f,38.   Cassonnade... 0^f,33.   Café.. 7^{f}23.

Riz..... 5 ,23.   Vermicelle.... 2 ,83.   — Total... 31 .

TRENTE-ET-UNIÈME LEÇON.

Indienne n° 167................	7ᶠ,04
id. n° 183................	11 ,88
id. n° 191................	7 ,53
Velours olive-clair...............	21 ,16
id. foncé	35 ,18
id. bronze n° 84...........	23 ,10
id. bronze n° 88...........	62 ,78
Calicot.	19 ,09
Roanne à carreaux..............	32 ,94
Velours noir..................	48 ,33
Drap bleu	31 ,20
id. marron	63 ,11
id. noir..................	54 ,33
Fil n° 6......................	12 ,60
Fil n° 9......................	14 ,40
Total	444ᶠ,67

TRENTE-DEUXIÈME LEÇON.

1. Il suffit de chercher la différence entre le prix d'achat et le prix de vente.

Prix d'achat............. 15ᶠ.

Prix de vente... — Puisque je connais le prix d'une pomme, je cherche combien j'ai vendu de pommes. J'ai vendu évidemment celles que j'avais achetées, moins les 45 qui se sont gâtées. Or, j'ai acheté 6 paniers de 15 douzaines chacun = 6 fois 15 douzaines = 90 douzaines, et par conséquent 90 fois

12 = 1080 pommes; j'ôte les 45 qui se sont gâtées, reste 1035,
à 0 02 = 20^f,70.

Donc j'ai gagné 20^f,70 — 15^f = 5^f,70.

2. Il doit ce qu'il devait, moins ce qu'il a payé.
　Il devait :
　1° Pour le drap, 48 fois 16^f,35... = 784^f,80
　2° Pour le velours, 186 fois 1 ,40. = 260 ,40　} 1160^f,40
　3° Pour l'indienne, 256 fois 0^f,45. = 115 ,20
　Il a payé :
　1° En mouchoirs, 635 fois 0^f,75.. = 476 ,25　} 659 ,60
　2° En espèces .... 183 ,35

　Donc il doit encore 1160^f,40 — 659^f,60 = 500^f,80

3. Ils gagnent 15 fois ce qu'ils gagnent en un jour. Or :
　16 gagnent 16 fois 5^f,30..................... = 84^f,80
　18 gagnent 18 fois 4 ,75..................... = 85 ,50
　Les autres, c'est-à-dire 63 — (16 + 18), ou 29,
　　gagnent 29 fois 4^f..................... = 116 , »

Donc ils gagnent chaque jour................. 286^f,30
et dans 15 jours, 15 fois 286^f,30 = 4294^f,50.

4. Il a rapporté ce qu'il avait pris moins ce qu'il a dépensé.
　Il avait pris .... 18760^f, »
　Il a dépensé :
　1° Pour le calicot, 96 fois 21^f,40 = 2054^f,40
　2° Pour la toile, 64 fois 47^f.... = 3008 , »
　3° Pour le velours, 45 fois 32^f.. = 1440 , »　} 8823 ,40
　4° Pour les autres articles .... 2168 ,80
　5° Pour le voyage et le séjour ..... 152 ,20

　Donc il a rapporté................... 9936^f,60

5. Le bénéfice sera l'excès du prix de vente sur le prix d'achat.

Vente. Puisque je connais le prix d'un mouchoir, je cherche
le nombre des mouchoirs, car le prix de vente égalera autant
de fois 3^f,50 qu'il y a de mouchoirs. Or il y en a 9 fois

432 = 3888. Donc on en a retiré 3888 fois 3^f,50 = 13608^f, »

Achat, 9840^f + 150 + 64 + 16......... = 10070 , »

Ainsi on a gagné................. 3538^f, »

6. Il lui reste ce qu'il a eu en tout, moins ce qu'il a dépensé.

Il a eu les 468^f,35 qu'il avait + les 133^f que son père lui a donnés.............................. = 601^f,35

Il a dépensé ou il n'a plus :

1° Pour le drap, 7 fois 22^f,50........ = 157^f,50

2° Chez le bottier...................... 46 , »

3° Pour la montre.....,............. 180 , » } 393 ,50

4° Les 6 — 4 = 2 pièces de 5^f qu'il a per-

dues...................... = 10 , »

Donc il lui reste.................... 207^f,85

TRENTE-TROISIÈME LEÇON.

Pour convertir un certain nombre d'années en mois, il faut multiplier les années par 12 ; en semaines, par 52 ; en jours par 365 (année civile), et par 360 (année commerciale), en heures, par (365 × 24) = 8760 ; en minutes, par (8760 × 60) = 525600 ; en secondes, par (525600 × 60) = 31536000.

Pour convertir un certain nombre de mois en jours, il faut les multiplier par 30 ; en heures par (30 × 24) = 720 ; en minutes par (720 × 60) = 43200 ; en secondes, par (43200 × 60) = 2592000.

Pour convertir les jours en heures, il faut les multiplier par 24 ; en minutes par (24 × 60) = 1440 ; en secondes, par (1440 × 60) = 86400.

Pour convertir les heures en minutes, il faut les multiplier par 60 ; en secondes, par (60 × 60) = 3600.

Pour convertir les minutes en secondes, il faut les multiplier par 60.

3 ans valent 6 semestres, 12 trimestres, 36 mois, 1095 jours (année civile), 1080 jours (année commerciale), 156 semaines, 26280 heures, 1576800 minutes, 94608000 secondes.

1 jour vaut 1440 minutes, 86400 secondes.

12 jours valent 17280 minutes, 288 heures.

6 semaines valent 42 jours, 1008 heures, 60,480 minutes. 3628800 secondes.

14 mois valent 420 jours, 10080 heures.

36 heures valent 2160 minutes, 129600 secondes.

Dans 23 jours, 12 heures et 40 minutes, il y a 33880 minutes, 2032800 secondes.

Dans 6 ans, 3 mois et 12 jours, il y a 2292 jours (année civile), 3300480 minutes, 198028800 secondes.

Dans 4 mois, 6 jours et 9 heures, il y a 3033 heures, 181980 minutes, 10918800 secondes.

Dans 15 heures et 14 minutes, il y a 914 minutes, 54840 secondes.

Dans 7 heures, 52 minutes et 34 secondes, il y a 28354 secondes.

TRENTE-QUATRIÈME LEÇON.

1.) 1118 jours.	**8.)** 2748 jours.	**15.)** 187 heures.
2.) 589 id.	**9.)** 634 id.	**16.)** 3655 minutes.
3.) 987 id.	**10.)** 585 id.	**17.)** 2358 id.
4.) 1337 id.	**11.)** 118 heures.	**18.)** 5434 id.
5.) 616 id.	**12.)** 110 id.	**19.)** 6018 id.
6.) 190 id.	**13.)** 32 id.	**20.)** 3914 id.
7.) 1233 id.	**14.)** 70 id.	

TRENTE-CINQUIÈME LEÇON.

1. Il a gagné 968^f; il a dépensé 12 fois 62^f,75 = 753; donc il a économisé 968^f — 753 = 215^f.

2. Il gagne chaque jour 3,50 fois 1^f,15 = 4^f,025.
Il se repose 12 fois 6 jours par an = 72 jours.
Donc il travaille 365 — 72 = 293 jours par an, et

Il gagne 293 fois 4^f,025 .... = 1179^f,325
Il dépense 365 fois 2^f,80.................. = 1022 , »

Donc il lui reste 1179^f,325 — 1022........ = 157^f,325

3. Les 6 robinets laissent écouler 6 fois 7 litres = ...42 litres par minute.

Dans 4 heures 9 minutes, il y a (4 × 60) + 9 minutes = 249 minutes.

Donc le réservoir contenait 249 fois 42 litres = 10458 litres.

4. Il vend chaque semaine 3 fois 42 kilog^s = 126 kilog^s, et dans un an 52 fois 126 kilog^s = 6552 kilog^s. Donc il gagne 6552 fois 0^f,13 = 851^f,76.

5. Il paye 3336^f par an. Il reçoit par terme 20 fois 80^f = 1600^f, et par an 4 fois 1600^f = 6400^f. Donc il gagne annuellement 6400^f — 3336^f = 3064^f.

6. Il gagne 6 fois 8^f,55 par semaine, = 51^f,30, et il dépense 7 fois 6^f,30 = 44^f,10. Donc il économise 51^f,30 — 44^f,10 chaque semaine = 7^f,20, et dans 25 semaines, 25 fois 7^f,20 = 180^f.

TRENTE-SIXIÈME LEÇON.

1. Combien dois-je encore ou de combien suis-je en avance? — Rép. Je suis en avance de 8^f,40.

SOLUTION.

$$(52,75 \times 9,50) - (72 \times 8,55) = 8^f,40.$$

2. Combien a-t-il gagné ou perdu ? — Rép. Il a gagné 128^f,60.

SOLUTION.

$$(325 \times 1,85) - 472^f,60 = 128^f,60.$$

3. Combien a eu le plus jeune ? — Rép. 5000^f.

SOLUTION.

$$20000 - [8200 + (8200 - 1400)] = 5000.$$

4. Quelle était cette somme ? — Rép. 33602^f,25.

SOLUTION.

$$\left.\begin{array}{l} 86^f,75 \times 35 \ldots\ldots\ldots \\ +\ 8750^f \ldots\ldots\ldots\ldots \\ +\ 72 \times (450 - 35 - 112) \end{array}\right\} = 33602^f,25.$$

5. Combien ont-ils gagné tous ensemble en 3 semaines ? — Rép. 243^f.

SOLUTION.

$$(5^f,25 + 4^f,75 + 3^f,50) \times 18 = 243.$$

6. Combien y a-t-il de lettres ? — Rép. 5644800.

SOLUTION.

$$6 \times 560 \times 42 \times 40 = 5644800.$$

7. Combien a-t-il gagné ou perdu ? — Rép. Il a gagné 528^f,25.

SOLUTION.

$$\left.\begin{array}{r} 450 \times 0^f,38 \\ 885 \times 0\ ,45 \\ 3260 - (450 + 885) \times 0\ ,48 \end{array}\right\} - 965^f = 528^f,25.$$

8. Combien l'entrepreneur a-t-il gagné ou perdu ? — Rép. Il a gagné 14947^f,50.

SOLUTION.

$$\text{De } 88300^f \text{ ôtez} \left\{\begin{array}{l} 15 \times 6 \\ +\ 18 \times 5,25 \\ +\ 40 - (15 + 18) \times 8 \end{array}\right\} \times 365 - 60).$$

TRENTE-SEPTIÈME LEÇON.

1. Une voiture-omnibus de 16 places fait 4 voyages par jour; combien rapportera-t-elle dans 40 jours, à raison de 1^f,50 pour chaque place, si elle est toujours au complet?

2. J'ai séjourné 87 jours à Toulouse; les 34 premiers j'ai dépensé 6^f,60 par jour; les 17 suivants 7^f,20, et les 36 derniers 5^f,75. Combien ai-je dépensé en tout?

3. Un individu a acheté pour 98560^f, une coupe de bois dont il a retiré, savoir : 650 poutres qu'il a vendues 160^f chacune; 3560^f de charbon, et 1765^f de menu bois : combien a-t-il gagné?

4. Pour confectionner un certain travail, on a employé 23 ouvriers pendant 43 jours. 8 d'entre eux gagnaient 4^f,75 chacun par jour; 6 gagnaient 5^f,30 et les 9 restants 7^f : combien a coûté ce travail?

5. Félix avait 26^f,75; son père lui a donné 14^f,40 : il a assisté 37 pauvres à chacun desquels il a donné 0^f,75 : combien lui reste-t-il?

6. J'ai vendu 64 stères de bois à un individu qui m'a remis en payement, une première fois, 360^f, et une seconde fois 255^f : combien me doit-il encore si le bois valait 15^f,20 le stère?

7. Un propriétaire a acheté 166^m de toile à 2^f,50; il a donné en payement 17 hectolitres de vin à 12^f,50 : combien doit-il encore?

8. Un négociant a vendu 42 hectolitres de blé à 27^f,60; 57 hectolitres de seigle à 23^f,85 et 19 hectolitres de vin à 45^f : il a payé une traite de 1437^f et une autre de 486^f; il a soldé les appointements de ses commis, s'élevant à 560^f : combien a-t-il en caisse?

9. Une flotte composée de 14 vaisseaux et de 12 frégates, part de Toulon pour l'expédition de Crimée; 6 de ces vaisseaux portent 980 hommes chacun; les 8 autres 850, et les 12 frégates

480 chaeune. 1285 hommes ont été débarqués à **Constantinople** et 760 à **Varna.** Combien en est-il arrivé à destination ?

10.   Règlement de comptes entre **M...** et **N...**

M... a fourni à N... 34^m,75 de velours à 2^f,50...; 54^m,80 de mérinos à 9^f... 16^m,44 de toile à 3^f,65... 200^f de drap et 125^f d'indienne.

N... a fourni à M... 143 kilog^s de fromage à 1^f,25...; 39^k,750 de chocolat à 4^f,60, et 275^f,65 en espèces.

Combien N. doit-il encore à M...

TRENTE-HUITIÈME LEÇON.

1.)   3840^f...   2.)   553^f,80   3.)   10765^f......
4.)   5710^f,40...   5.)   13^f,40.

TRENTE-NEUVIÈME LEÇON.

6.)   357^f,80...   7.)   202^f,50...   8.)   890^f,65...
9.)   16395 hommes...   10.)   327^f,825.

QUARANTIÈME LEÇON (N° 67).

5° Le quotient deviendra plus grand;
6°   id.   id.   plus petit;
7°   id.   id.   plus petit;
8°   id.   id.   plus grand;

9° Le quotient deviendra 2, 3, 4, 20, etc., fois plus grand ;
10° id. id. 2, 3, 4, 20, etc., fois plus petit ;
11° id. id. 2, 3, 4, 20, etc., fois plus petit ;
12° id. id. 2, 3, 4, 20, etc., fois plus grand ;
13° id. ne changera pas ;
14° id. augmentera d'une unité ;
15° id. diminuera d'une unité ;
16° id. augmentera de 2, 3, 4, 20, etc., unités ;
17° id. diminuera de 2, 3, 4, 20, etc, unités.

———

La moitié de 6 est 3 ; de 9, est 4, reste 1 ; de 12, est 6 ; de 17, est 8, reste 1 ; de 13, est 6, reste 1 ; de 1, est 0, reste 1.

Le tiers de 7 est 2, reste 1 ; de 15, est 5 ; de 2, est 0, reste 2 ; de 29, est 9, reste 2 ; de 18, est 6 ; de 20, est 6, reste 2.

Le quart de 9 est 2, reste 1 ; de 16, est 4 ; de 26, est 6, reste 2 ; de 35, est 8, reste 3 ; de 2, est 0, reste 2 ; de 11, est 2, reste 3 ; de 28, est 7.

Le cinquième de 4 est 0, reste 4 ; de 11, est 2, reste 1 ; de 35, est 7 ; de 31, est 6, reste 1 ; de 13, est 2, reste 3 ; de 29, est 5, reste 4 ; de 40, est 8.

Le sixième de 12 est 2 ; de 27, est 4, reste 3 ; de 51, est 8, reste 3 ; de 15, est 2, reste 3 ; de 0, est 0 ; de 39, est 6, reste 3 ; de 30, est 5.

Le septième de 33 est 4, reste 5 ; de 49, est 7 ; de 60, est 8, reste 4 ; de 28, est 4 ; de 6, est 0, reste 6 ; de 40, est 5, reste 5.

Le huitième de 34 est 4, reste 2 ; de 50, est 6, reste 2 ; de 72, est 9 ; de 17, est 2, reste 1 ; de 3, est 0, reste 3 ; de 25, est 3, reste 1.

Le neuvième de 40 est 4, reste 4 ; de 77, est 8, reste 5 ; de 36, est 4 ; de 8, est 0, reste 8 ; de 57, est 6, reste 3 ; de 65, est 7, reste 2.

La moitié de 8 est 4 ; de 13, est 6, reste 1 ; de 6, est 3 ; de 18, est 9 ; de 15, est 7, reste 1.

Le tiers de 18 est 6 ; de 29, est 9, reste 2 ; de 16, est 5, reste 1 ; de 21, est 7 ; de 5, est 1, reste 2.

Le quart de 3 est 0, reste 3 ; de 21, est 5, reste 1 ; de 32, est 8 ; de 16, est 4 ; de 6, est 1, reste 2.

Le cinquième de 13 est 2, reste 3 ; de 45, est 9 ; de 34, est 6, reste 4 ; de 5, est 1 ; de 40, est 8 ; de 15, est 3.

Le sixième de 12 est 2 ; de 43, est 7, reste 1 ; de 24, est 4 ; de 59, est 9, reste 5 ; de 4, est 0, reste 4.

Le septième de 42 est 6 ; de 63, est 9 ; de 11, est 1, reste 4 ; de 41, est 5, reste 6 ; de 0, est 0 ; de 28, est 4.

Le huitième de 69 est 8, reste 5 ; de 48, est 6 ; de 15, est 1, reste 7 ; de 40, est 5 ; de 35, est 4, reste 3 ; de 72, est 9 ;

Le neuvième de 63 est 7 ; de 83, est 9, reste 2 ; de 51, est 5, reste 6 ; de 27, est 3 ; de 14, est 1, reste 5.

QUARANTE-ET-UNIÈME LEÇON.

1.) 28... 236... 2531, reste 1... 8927... 730516... 3006733, reste 1.

2.) 26, reste 2... 1574, reste 2... 224382 , reste 1... 75500, reste 2... 27102000, reste 2... 1671577, reste 1... 3139108, reste 1.

3.) 12, et reste 1... 66... 26569 et reste 2... 140104, reste 1... 35817... 161832... 2128086, reste 2.

4.) 10, reste 3... 14, reste 2... 137... 1440, reste 4... 9362... 149249... 6124, reste 4... 95002, reste 3.

5.) 50, reste 4... 1267, reste 2... 3936... 15543... 1330510, reste 2... 8860, reste 2... 8221.

6.) 924, reste 5... 122, reste 3... 9176, reste 3... 78189, reste 3... 72948, reste 1... 67608, reste 2... 362324, reste 6.

7.) 13, reste 2... 933, reste 4... 50170, reste 2... 95603, reste 2... 206718, reste 2... 6203883... 103965.

8.) 10, reste 6... 91... 7515, reste 8... 227348, reste 5... 5256249... 9415139, reste 6.

QUARANTE-DEUXIÈME LEÇON.

1.)	1496	reste..	120	**6.)**	50603	reste..	19
2.)	109834	—	92	**7.)**	25272	—	1679
3.)	6483	—	81	**8.)**	6747	—	17249
4.)	2240	—	92	**9.)**	5113	—	24960
5.)	2667	—	210	**10.)**	7429	—	36898

QUARANTE-TROISIÈME LEÇON.

1.)	768	reste.	932	**6.)**	625	reste.	30
2.)	8717	—	338	**7.)**	8138	—	25179
3.)	513	—	31389	**8.)**	3891	—	2814
4.)	592	—	13367	**9.)**	86441	—	853
5.)	21871	—	4625	**10.)**	1306	—	259

QUARANTE-QUATRIÈME LEÇON.

1.)	27,333		**6.)**	613,76
2.)	88,10		**7.)**	141,114
3.)	26,32000		**8.)**	38,1200
4.)	26,2		**9.)**	552,09
5.)	46,4000		**10.)**	17,50000

QUARANTE-CINQUIÈME LEÇON.

1.)	0,129		**11.)**	47,36247
2.)	0,034		**12.)**	45,714
3.)	0,0043		**13.)**	2,52156
4.)	0,0061		**14.)**	0,00354
5.)	0,0542		**15.)**	0,0007874
6.)	0,0437		**16.)**	0,0057
7.)	52,634		**17.)**	0,007346
8.)	26,84703		**18.)**	0,0000156
9.)	64,702614		**19.)**	0,8275
10.)	38472,69		**20.)**	0,00714

QUARANTE-SIXIÈME LEÇON.

1.)	5,09		**7.)**	2
2.)	4,07		**8.)**	15,98
3.)	5,98		**9.)**	60,487
4.)	4,87		**10.)**	5,55
5.)	30,708		**11.)**	1,811
6.)	15,79		**12.)**	0,00203

QUARANTE-SEPTIÈME LEÇON.

1. Puisqu'en 16 heures il a parcouru 240 kil., en une heure il en a parcouru 16 fois moins ou $\frac{240}{16} = 15$ kilomètres.

2. Si 46 gagnent 103^f,50, un gagne 46 fois moins ou $\frac{103,50}{46}$ = 2^f,25.

3. Si 164^m,45 ont coûté 386^f, un mètre coûte 164,45 fois moins ou $\frac{386}{164,45}$ = 2^f,34.

4. Si 864 kilog^s. ont coûté 5647^f,65, un a coûté 864 fois moins ou $\frac{5647,65}{864}$ = 6^f,53.

5. Si 25^f sont le prix d'un hectolitre ou représentent un hectolitre, autant de fois 25^f seront contenus dans 6475^f, autant il y a d'hectolitres ou $\frac{6475}{25}$ = 259 hectolitres.

6. Il a dépensé par jour 30 fois moins que dans un mois. Or, il a dépensé dans un mois ce qu'il a gagné, 136^f,80, moins ce qu'il a économisé, 48^f = 88^f,80 ; donc il a dépensé par jour $\frac{88,80}{30}$ = 2^f,96.

7. Autant de fois 12^f, le prix d'un mètre, seront contenus dans 7^f,50, somme pour laquelle j'ai acheté de drap, autant il y aura de mètres ; d'où $\frac{7,50}{12}$ = 0^m,625.

8. Autant de fois le travail d'un jour sera contenu dans tout le travail à faire, autant il leur faudra de jours. Or, le travail d'un jour est 15 fois 2 mètres cubes = 30 ; donc il leur faudra $\frac{2364}{30}$ = 78,8 jours.

9. Un quintal coûte 268 fois moins que les 268 ; d'où $\frac{137,48}{268}$ = 0^f,51.

10. Autant de fois l'eau qui s'écoule chaque heure sera contenue dans l'eau du bassin, autant il faudra d'heures. Or, si un robinet donne 5 litres par minute, il en donne 60 fois 5 par heure = 300, et 6 robinets en donnent 6 fois 300 = 1800 ; donc il faudra $\frac{9000}{1800}$ = 5 heures.

QUARANTE-HUITIÈME LEÇON.

---

1. 8640 élèves sont répartis dans 36 colléges ; combien y en a-t-il à chacun ? Rép. 240.

2. 1368 arbres ont coûté 7256^f,50 ; combien a coûté un arbre ? Rép. 5^f,304.

3. Un ouvrage contient 16200 lignes; combien y a-t-il de pages de 36 lignes? Rép. 450.

4. On doit transporter 5875 kilog⁵. de fer, et l'on emplois pour cela un certain nombre de mulets qui portent 125 kilog. chacun : quel est ce nombre? Rép. 47.

5. Combien y a-t-il de soldats dans une compagnie, si dans 25 il y en a 2625? Rép. 105.

6. Si un collége contient 180 élèves, combien en faudra-t-il pour contenir 2700 élèves? Rép. 15.

7. Si un arbre coûte 12ᶠ,25, combien en achètera-t-on pour 4680ᶠ? Rép. 382.

8. Si 225 pages contiennent 6300 lignes, combien en contient une page? Rép. 28.

9. Si 33 mulets ont transporté 3795 kilogr', combien en a transporté un mulet? Rép. 115.

10. Combien de compagnies de 95 hommes formeront 3990 soldats? Rép. 42.

QUARANTE-NEUVIÈME LEÇON.

---

1. Pour déterminer la valeur d'un certain nombre d'objets, *à tant les* 20, multipliez le nombre d'objets par le prix des 20, et divisez le produit par 20.

2. Pour déterminer la valeur d'un certain nombre d'objets, *à tant les* 50, multipliez le nombre d'objets par le prix des 50, et divisez le produit par 50.

3. Pour déterminer la valeur d'un certain nombre d'objets, *à tant les* 100, multipliez le nombre d'objets par le prix du cent, et divisez le produit par 100.

4. Pour déterminer la valeur d'un certain nombre d'objets, *à tant le* 1000, multipliez le nombre d'objets par le prix du mille, et divisez le produit par 1000.

5. Pour déterminer la valeur d'un certain nombre d'objet *à tant la grosse*, multipliez le nombre d'objets par le prix de la grosse, et divisez le produit par 144.

Pour les démonstrations, suivez *mot à mot* celle qui se trouve dans la partie de l'élève, en substituant au nombre 12 les nombres 20, 50, 100, 1000 et 144.

CINQUANTIÈME LEÇON.

1.) $\dfrac{5684 \times 0.73}{80} = 55^f,26$ | **3.)** $\dfrac{5424 \times 0.13}{100} = 39^f,30$

2.) $\dfrac{6748 \times 1.60}{144} = 74^f,97$ | **4.)** $\dfrac{6558 \times 0.13}{12} = 118^f,79$

5.) $\dfrac{13462 \times 7.80}{1000} = 144^f.....$

6.)   Vendu..... $\dfrac{7423 \times 0.85}{12} = 525^f,94.$

Acheté.... $\dfrac{7193 \times 6.73}{100} = 501^f,19.$

Gain..... $24^f,75.$

7. Le fer coûte 346ᶠ. Il a été vendu, savoir: 340 k. à 11ᶠ,25 les 50 kˢ $= \dfrac{340 \times 11.25}{50} = 76^f,50.$ Le reste ou 1730 — 340 = 1390, à 0ᶠ,23 le kilogᵣ. = 1390 × 0ᶠ,23 = 319,70 ; en tout 76ᶠ,50 + 319ᶠ,70 = 396ᶠ,20.

Donc ce négociant a gagné 396ᶠ,20 — 346 = 50ᶠ,20.

8. Vendu... $\dfrac{8650 \times 0.82}{100} = 69^f.20...$ acheté... $\dfrac{8650 \times 85}{144} = 51,06.$ Gagné 18ᶠ,14.

9. Vendu $\dfrac{103000 \times 25.12}{100} = 26376^f$ coûtent 25800. Bénéfice, 576ᶠ.

10.) Vendu 78456 — 380 = 78076 plumes à 0ᶠ,021 = 1639ᶠ,60

Acheté : 1º Le tiers de 78456 = 26152 à 17ᶠ,75 le mille = 464ᶠ20

  2º La moitié du reste = 26152 à 1ᶠ,72 le cent = 359ᶠ81

  3º Le reste = ... = 26152 à 0ᶠ,019 pièce = 496,89

   Vente. 1639ᶠ,60

   Achat. 1320ᶠ,90

   Bénéfice. 318ᶠ70

CINQUANTE-ET-UNIÈME LEÇON.

1. Coût 465^f. Perte $\frac{465 \times 15}{100} = 69^f,75\ldots$ Vendu $465 - 69,75 = 395,25$.

2. Coût 832^f. Bénéfice $\frac{832 \times 12}{100} = 99^f,84$. Vendu $832 + 99^f,84 = 931^f,84$.

3. Dû, 2640^f. Remise $\frac{2640 \times 8}{100} = 211^f,20$. A payer $2640 - 211,20 = 2428^f,80$.

4. Coût 860^f. Bénéfice à faire $\frac{860 \times 20}{100} = 172^f$. A vendre $860 + 172 = 1032^f$.

5. Coût 210^f. Bénéfice $\frac{210 \times 16}{100} = 33^f,33$. Vendu le tout $210 + 33,60 = 243^f,60$, et un kilog^e $\frac{243 \times 60}{140} = 1^f,74$.

6. 12 p. $^o/_o$ sur la recette totale qui est :

$$1^o\ 168 \times 3^f,25 = 546^f$$
$$2^o\ \ 65 \times 4\,,50 = 292\,,50$$

$$\text{Total.....}\ 838\,,50$$

Donc le conducteur recevra $\frac{838,50 \times 12}{100} = \ldots$ . . . . 100^f,62

7. $\frac{9412 \times 24}{100} = 2258^f,88$.

8. $\frac{5630 \times 0,73}{100} = 27^f,33$.

9. $\frac{15800 \times 5}{100} = 474^f$ par mois, et par an $474^f \times 12 = 5688^f$.

10. Je recevrai 14 p. $^o/_o$ sur la totalité de mes valeurs. Or, j'ai

$$15\ \text{actions à } 882^f,45 = 13236^f,75$$
$$21\ \ —\ \ \text{à } 917\ \ = 19257$$

$$\text{Total.}\ 32493^f,75$$

D'où $\quad \frac{32493,75 \times 14}{100} = 4549^f,125$.

CINQUANTE-DEUXIÉME LEÇON.

1.)   Principal   14760 ^{f}
      Droit de 5,50 p. $^o/_o$ 811 ,80
      Décime   81 ,18
                      Total.   892 ,98

2.)   Principal   4280 ^{f}
      Droit de 3 p. $^o/_o$ 128 ^{f},40
      Décime   12 ,84
                      Total.   141 ,25

3.)   Principal   520 ^{f}
      Droit de 1 p. $^o/_o$ 5 ^{f},20
      Décime   0 ,52
                      Total.   5 ,72

4.)   Principal   1340 ^{f}
      Droit de 4 ^{f},50   60 ^{f},30
      Décime   6 ,03
                      Total   66 ,33

5.)   Principal   7660 ^{f}
      Droit de 0 ^{f},50   38 ^{f},30
      Décime   3 ,83
                      Total.   42 ,13

6.)   Principal   7660 ^{f}
      Droit de 0 ^{f},25   19 ^{f},15
      Décime   1 ,92
                      Total.   21 ,07

PRINCIPAL.	DROIT DE 2 P. %.	DÉCIME.	TOTAUX.
f. c.	f. c.	f. c.	f. c.
4650 60	93 01	9 30	4752 91
883 25	17 67	1 77	902 69
12400 »	248 »	24 80	12672 80
1764 85	35 30	3 53	1803 68
386 56	7 73	» 77	395 06
6540 »	130 80	13 08	6683 88
24850 »	497 »	49 70	25396 70
960 10	19 20	1 92	981 22
7220 50	144 41	14 44	7379 35
500 »	10 »	1 »	511 »
2315 40	46 31	4 63	2366 34
1040 74	20 81	2 08	1063 63
TOTAUX.			
63512 »	1270 24	127 02	64909 26

CINQUANTE-TROISIÈME LEÇON.

1.) $\dfrac{4855 \times 745}{100} = 1602^\text{f},25$ 6.) $\dfrac{960 \times 6 \times 788}{56600} = 118^\text{f},20$

2.) $\dfrac{7430 \times 6 \times 29}{1200} = 1080^\text{f},25$ 7.) $\dfrac{4600 \times 6 \times 172}{56000} = 95^\text{f},55$

3.) $\dfrac{4974 \times 6 \times 228}{56000} = 115^\text{f},90$ 8.) $\dfrac{5205 \times 25 \times 976}{56000} = 74^\text{f},01$

4.) $\dfrac{4740 \times 30 \times 928}{56000} = 598^\text{f}16$ 9.) $\dfrac{16800 \times 5 \times 1179}{56000} = 2751^\text{f}$

5.) $\dfrac{686 \times 1 \times 73 \times 627}{56000} = 45^\text{f},20$ 10.) $\dfrac{25480 \times 5 \times 2424}{56000} = 4731^\text{f},03$

CINQUANTE-QUATRIÈME LEÇON.

1. Cherchons d'abord à combien de personnes doit être partagé le reste. $180 - (25 + 56) = 99$. Donc, une aura 99 fois moins ou $\dfrac{\text{le reste}}{99}$. Or, ce reste égale la somme moins ce qui sera pris par les autres. — La somme à partager est 36845^f,

25 ont pris...., $243^f,65 \times 25$ | $6091^f,25$ ⎫
57 — ,..... 314 » $\times 56$ | 17584 » ⎬ 23675 25

Reste pour les 99   13159 25
Et pour une $\dfrac{15139 \cdot 25}{99}$ | $133^f,03$.

2. Il a dépensé par jour 365 fois moins que dans un an. Dans un an il a dépensé ses revenus, 2530^f, moins ses économies. Si en 12 ans il a économisé 8640^f, en un an il a économisé $\dfrac{8640}{12} = 720$. Donc il a dépensé chaque année $2530^f - 720 = 1810^f$, et chaque jour $\dfrac{1810}{365} = 4^f,959$.

3. Autant de fois son économie journalière sera contenue dans $183^f,30$, autant il lui faudra de jours. Il a économisé $4^f,75 - 2^f,40 = 2^f,35$. Donc il lui a fallu $\dfrac{183,30}{2,35} = 78$ jours.

4. Je cherche combien on veut vendre tous les litres : c'est évidemment ce qu'ils ont coûté, plus le bénéfice de 15 p. $^o/_o$. Ils ont coûté, savoir :

365 litres à $0^f,63$....... $229^f,95$
460 ... 0 50........ 230 »
715 ... 0 56...... 400 40

Ainsi 1540 litres ont coûté 860 35
Le bénéfice | $\dfrac{860,35 \times 15}{100}$ | $129^f,05$
Donc on vendra les 1540 litres $860^f,35 + 129^f,05$ | $989^f,40$
et un litre $\dfrac{989,40}{1540}$ | ..... $0^f,642$.

5. Je cherche combien il a vendu d'assiettes et pour combien. Il en a vendu $800 - 30$ | 770. Elles lui coûtent :

$$1° \text{ Prix d'achat} \dots\dots \frac{800\times15}{100} \mid 120^f$$
$$2° \text{ Transport}\dots\dots\dots\dots \quad 10 \quad 30$$
$$\text{Il veut y gagner}\dots \quad 16 \quad \text{»}$$

Donc il vendra les 770 assiettes. $\quad 146 \quad 30$

Et une $\frac{146,30}{770} \mid 0^f,19.$

6. Il a gagné par jour $\frac{78,60}{25} = 3^f,15$, et par heure $\frac{3,15}{11} = 0^f,286.$

7. A autant de fois moins qu'il y a de carreaux. Or il y a 54 fois 24 carreaux $= 1296$. Donc un carreau coûte 1296 fois moins ou $\frac{972}{1296} = 0^f,75.$

8. La bouteille de rancio coûte $\frac{576^f}{360} = 1^f,60$. Celle de muscat $\frac{501^f}{215}{}^f = 1^f,40.$

Donc le rancio coûte de plus que le muscat $1^f,60 - 1^f,40 = 0^f,20.$

9. Il est clair que, lorsque le premier sera arrivé au point B, le second aura encore $10 - 8 = 2$ jours de marche à faire.

Or il parcourt chaque jour $\frac{400}{10} = 40$ kilomètres; donc il aura parcouru 400 kilomètres $- 2$ fois $40 = 320.$

Ou, plus simplement.

Il est clair que, lorsque le premier sera arrivé au point B, le second aura marché 8 jours, et comme il parcourt $\frac{400}{10} = 40$ kilomètres par jour, il aura parcouru 8 fois 40 kilomètres $= 320.$

10. Le premier parcourt $\frac{400}{8} = 50$ kilomètres par jour, et le deuxième $\frac{400}{10} = 40$. Mais, puisqu'ils vont à la rencontre l'un de l'autre, c'est comme si un seul courrier parcourait $50 + 40 = 90$ kilomètres par jour. Donc ils auront parcouru la ligne *à eux deux*, ou ce qui revient au même, ils se rencontreront après $\frac{400}{90} = 4,444$ jours. Ainsi, le premier aura parcouru $50 \times 4,444\dots = 222,22$ kilomètres, et le deuxième $40 \times 4,444\dots = 177,78$ kilomètres.

Donc enfin ils se rencontreront à 222,22 kilomètres du point A, ou à 177,78 kilomètres du point B.

CINQUANTE-CINQUIÈME LEÇON.

1. Il avait d'abord ce qu'il eut après, moins les 20^f que ses parents lui avaient donnés. Or, il eut de quoi assister 14 pauvres à $2^f,50$ chacun, ou 14 fois $2^f,50 = 35^f$, plus les 17^f qui lui restèrent $= 52^f$. Donc il avait $52^f - 20 = 32$.

2. Les ouvriers travaillent $365 - 76 = 289$ jours. Ils font pour $7^f,50$ de travail, et reçoivent $4^f,75$ de salaire; donc le maître gagne sur chacun d'eux $7^f,50 - 4^f,75 = 2^f,75$ par jour. En conséquence, il gagne 35 fois $2^f,75 = 96^f,25$ chaque jour, et dans 289 jours, 289 fois $96^f,25 = 27,816^f,25$.

3. 1° Pour déterminer la longueur de ces pièces, dont je connais la valeur totale, je dois connaître le prix d'un mètre. Or, il est dit que l'une de ces pièces a 12 mètres de moins que l'autre; donc la différence de valeur des deux pièces sera la valeur des 12 mètres. Cette différence est $475 - 415 = 60$. Ainsi 12 mètres valent 60^f; d'où un mètre vaut $\frac{60}{12} = 5$.

Le prix du mètre étant connu, autant de fois ce prix sera contenu dans la valeur des pièces, autant il y aura de mètres. Donc enfin la première pièce a $\frac{475}{5} = 95$ mètres, et la seconde $\frac{415}{5} = 83$.

2° Les deux pièces coûtent $475^f + 415^f = 890^f$. Le 15 p. %
est $\frac{890 \times 15}{100} = 133^f,50$. Donc on les revendra $890 + 133,50 = 1023^f,50$.

4. Je gagne $14^f - 12^f = 2^f$ par mètre; donc j'ai vendu $\frac{2000}{2} = 1000$ mètres. D'où une pièce a $\frac{1000}{50} = 20$ mètres de longueur.

5. Je cherche d'abord combien il reste de balles : $25 - (9 + 10) = 6$. Donc ces six balles coûtent les 1580^f moins la valeur des autres balles; laquelle valeur est, pour les 9 premières, 9 fois $53^f,75 = 483^f,75$, et pour les 10 autres, 10 fois $63^f = 630^f$; en tout $483^f,75 + 630^f = 1113^f,75$. Ainsi les

6 balles ont été payées $1580^f - 1113^f,75 = 466^f,25$, et chacune $\frac{466,25}{6} = 77^f,70$.

6. Les 12 bouteilles de liqueur valent autant que les 40 bouteilles de vin, moins 60 ^{f}. Or, le vin vaut 40 fois $3^f = 120^f$; donc la liqueur vaut $120^f - 60^f = 60^f$, et une bouteille $\frac{60}{12} = 5^f$.

7. J'ai de quoi payer les 162 pains $+ 18^f,40$ moins $146^f,30$. D'où 162 pains à $1^f,35 = 218^f,70$, plus $18^f,40 = 237^f,10 - 146^f,30 = 90^f,80$.

8. Il a gagné sur chaque barrique $\frac{3900}{260} = 15^f$, et il l'a vendue $\frac{12180 + 3900}{260} = 61^f,85$.

9. L'aîné a le quart de $83600^f = 20900^f +$ le quart du reste, comme ses frères. Ce reste est $83600^f - 20900^f = 62700$ et le quart 15675.

Donc l'aîné a $20900^f + 15675^f = 36575^f$, et chacun de ses frères 15675^f.

10. Une rame contient $20 \times 24 = 480$ feuilles, et 28 rames 28 fois plus $= 13440$ feuilles. Donc il a été fait $\frac{13440}{7} = 1920$ cahiers, à $0^f,10$ chacun $= 192^f$. Les 28 rames ont coûté 28 fois $5^f,75 = 161^f$.

Donc le maître de pension a gagné $192^f - 161 = 31^f$.

CINQUANTE-SIXIÈME LEÇON.

---

1. Combien parcourra-t-il chaque jour? — Rép. 60 kilomètres.

2. Quelle a été sa recette ? Rép. $275260^f,20$.

3. Combien de litres extraira-t-on du bassin chaque heure ? Rép. 12,000.

4. Combien de jours ces ouvriers ont-ils travaillé? Rép. 15 jours.

5. Combien a-t-il gagné ou perdu ? Rép. Il a gagné 31ᶠ,20.

6. Combien doit-on revendre la pièce de vin ? Rép. 316ᶠ,50.

7. Combien a-t-il vendu de mètres de calicot? Rép. 86ᵐ.

8. Combien a-t-il dépensé ? Rép. 119ᶠ,70.

9. Combien faudra-t-il d'heures pour cette opération ? Rép. 185,66.

10. Combien devra-t-on revendre l'hectolitre de ce mélange ? Rép. 31ᶠ,08.

CINQUANTE-SEPTIÈME LEÇON.

---

1. Le prix d'un kilogramme. — **2.** Le poids d'un sac. — **3.** La portion de Félix. — **4.** Le nombre de mètres que fait un ouvrier chaque jour. — **5.** Les pièces de 1ᶠ, de 2ᶠ et de 10ᶠ qu'il y a dans le sac. — **6.** La hauteur de l'escalier et le prix d'une marche. — **7.** Ce qu'elle rapporte et les frais qu'elle occasionne. — **8.** Le prix de vente. — **9.** Le chemin qu'ils parcourent dans le même temps. — **10.** Ce qu'ils brûlent par jour.

CINQUANTE-HUITIÈME LEÇON.

---

1. Un ouvrier gagne 7ᶠ,50 par journée de travail; sa dépense journalière est de 5ᶠ,30 : combien économise-t-il par an, s'il ne se repose que 60 jours l'année ?

2. Un marchand de vin reçoit d'une verrerie 245 bouteilles qui coûtent 0ᶠ,65 chacune. Les frais de transport ont été de 17ᶠ,50, et il a fallu 460ᶠ de vin pour remplir ces bouteilles : à combien revient chaque bouteille pleine?

3. On expédie à un négociant 236 barriques de vin pour une somme de 13277^f; les frais de transport par mer s'élèvent à 178^f,80; ceux de débarquement à 16^f,40. On a jeté 17 barriques à la mer par suite du mauvais temps; à quel prix devra-t-on vendre chacune des barriques restantes, si on veut gagner 1152^f sur cette expédition?

4. Pour une somme de 2958^f, on a vitré les 250 croisées d'un hôtel : à combien revient le carreau, chaque croisée en ayant 12 ?

5. Un épicier a acheté 33 kilog^s de riz à 0^f,75; 65^k,265 à 0^f,53, et 78 kilog^s à 0^f,35. Il a mélangé ces trois espèces de riz et vendu avec un bénéfice total de 52^f, combien a-t-il fait payer du kilog^e?

6. Un entrepreneur a employé des ouvriers à trois constructions différentes, à raison de 3^f,60 la journée. Dans la première il a gardé 43 ouvriers pendant 15 jours; dans la deuxième, 57 ouvriers pendant 18 jours; dans la troisième, 36 ouvriers pendant 31 jours. Il leur a donné à-compte 2325^f en espèces, et 258 doubles-décalitres de blé à 5^f,25. Combien leur doit-il encore ?

7. Un colporteur a vendu 140 boîtes de plumes métalliques à 9^f,50 la douzaine, et 7364 plumes d'oie à 1^{f}35 le cent : quel bénéfice a-t-il fait si sa marchandise lui avait coûté 168^f,15 en tout?

8. Un marchand achète, pour 1645^f, 85 mètres de drap de deux qualités. Il y a 44 mètres à 16^f. Quel est le prix du mètre de l'autre drap ?

9. Un employé qui a 4640^f d'appointements par an a dépensé 5^f,25 par jour : combien a-t-il économisé un jour dans l'autre ?

10. Pour une somme de 570^f, on a employé 135 ouvriers, dont 50 gagnaient 3^f chacun, et 45 gagnaient 4^f : combien gagnait chacun des autres?

CINQUANTE-NEUVIÈME LEÇON.

1.) 353^f, ».... | 3.) 66^f,78....
2.) 2 ,60.... | 4.) 0 ,986....
5.) 0^f,78....

SOIXANTIÈME LEÇON.

6.) 6353^f,70.... | 8.) 22^f,97....
7. 52 ,09.... | 9.) 7 ,49....
10.) 5^f,50....

FIN DU PREMIER LIVRE.

LIVRE DEUXIÈME.

SOIXANTE-SIXIÈME LEÇON.

101. Car la fraction $\frac{3}{5}$, par exemple, signifie qu'on a pris 3 parties d'un entier dont on en avait fait 5.

102. Car on a pris toutes les parties.

103. Car on a pris plus de parties qu'on n'en avait fait.

104. En effet, soient les fractions $\frac{5}{4}$, $\frac{5}{6}$ et $\frac{5}{8}$. La première indique qu'on a fait 4 parties d'un entier, la seconde qu'on en a fait 6, et la troisième qu'on en a fait 8. Or, évidemment moins on fait de parties d'une chose, plus ces parties sont grandes, et réciproquement. Donc $\frac{1}{4}$ est plus grand que $\frac{1}{6}$ ou $\frac{1}{8}$, et par conséquent $\frac{5}{4}$ sont plus grands que $\frac{5}{6}$ et que $\frac{5}{8}$.

105. Car, plus le numérateur est grand, plus ou prend de parties.

106. Car on prendra plus de parties.

107. Car on prendra moins de parties.

108. Car l'entier étant divisé en un plus grand nombre de parties, ces parties seront plus petites.

109. Car l'entier étant divisé en un moins grand nombre de parties, ces parties seront plus grandes.

110. Car, 1° en multipliant le numérateur par 2, 3, 4, etc., nous prendrons 2, 3, 4, etc., fois plus de parties; et 2° en divisant le dénominateur par 2, 3, 4, etc., nous ferons de l'entier 2, 3, 4, etc., fois moins de parties, qui, par conséquent, seront 2, 3, 4, etc., fois plus grandes.

111. Car, 1° en divisant le numérateur par 2, 3, 4, etc., nous prendrons 2, 3, 4, etc., fois moins de parties; et 2° en multipliant le dénominateur par 2, 3, 4, etc., nous ferons de l'entier 2, 3, 4, etc., fois plus de parties, qui, par conséquent, seront 2, 3, 4, etc., fois plus petites.

112. Car il y aura compensation.

SOIXANTE-SEPTIÈME LEÇON.

1.) La plus grande est $\frac{6}{11}$, et la plus petite $\frac{2}{11}$.

2.) La plus grande est $\frac{6}{5}$, et la plus petite $\frac{6}{25}$.

3.) $\frac{6}{18} \times 9 = \frac{6\times9}{18} = \frac{54}{18}$ ou $\frac{6}{18\div9} = \frac{6}{2}$ ... $\frac{13}{34} \times 17 = \frac{13\times17}{34} = \frac{221}{34}$ ou $\frac{13}{34\times17} = \frac{13}{2}$.

4.) $\frac{8}{24} : 4 = \frac{8:4}{24} = \frac{2}{24}$ ou $\frac{8}{24\times4} = \frac{8}{96}$ ... $\frac{15}{60} : 5 = \frac{15:5}{60}$ $= \frac{3}{60}$ ou $\frac{15}{60\times5} = \frac{15}{300}$.

5.) Le produit de $\frac{14}{29}$ par 16 $= \frac{14\times16}{29} = \frac{224}{29}$ et celui de $\frac{9}{26}$ par 8 $= \frac{9\times8}{26} = \frac{72}{26}$.

6.) La fraction $\frac{5}{4}$ rendue 7 fois plus petite $= \frac{5}{4\times7} = \frac{5}{28}$ et $\frac{12}{28}$ 6 fois plus petite $= \frac{12}{28\times6} = \frac{12}{168}$.

7.) Le nombre 31 fois plus fort que $\frac{64}{37} = \frac{64\times31}{37} = \frac{1984}{37}$.

8.) $\frac{6}{8}$, $\frac{9}{12}$, $\frac{12}{16}$, $\frac{15}{20}$, $\frac{18}{24}$, en multipliant les deux nombres par 2, 3, 4, 5, 6.

9.) $\frac{8}{11}$, $\frac{5}{11}$, $\frac{4}{11}$, $\frac{3}{11}$, $\frac{2}{11}$.

10.) $\frac{6}{23}$, $\frac{6}{14}$, $\frac{6}{8}$, $\frac{6}{7}$, $\frac{6}{5}$.

SOIXANTE-HUITIÈME LEÇON.

En effet, soit 15 entiers à réduire en 8mes : puisque un entier vaut $\frac{8}{8}$, 15 en valent 15 fois plus ou $\frac{8 \times 15}{8} = \frac{120}{8}$.

1.) $\frac{15}{2} = 6 + \frac{1}{2} \ldots \frac{48}{6} = 8 \ldots \frac{75}{9} = 8 + \frac{3}{9} \ldots \frac{148}{8} = 18 + \frac{4}{8}$
$\ldots \frac{148}{8} = 18 + \frac{4}{8} \ldots \frac{264}{15} = 17 + \frac{9}{15} \ldots \frac{286}{27} = 10 + \frac{16}{27} \ldots$
$\frac{1256}{11} = 28 + \frac{4}{11} \ldots \frac{45527}{183} = 235 + \frac{52}{183}.$

2.)   28 entiers $= \frac{1056}{37} \ldots 17 + \frac{5}{3} = \frac{68}{3} \ldots 6 + \frac{11}{14} = \frac{95}{14} \ldots$
$12 = \frac{540}{45} \ldots 25 + \frac{55}{32} = \frac{1355}{32} \ldots 166 + \frac{9}{20} = \frac{5529}{20} \ldots$
$76 = \frac{836}{11} \ldots 19 + \frac{61}{87} = \frac{1718}{87} \ldots 183 = \frac{366}{2} \ldots 327 + \frac{7}{9}$
$= \frac{2950}{9}.$

3.)   La plus grande est $\frac{14}{17}$.

4.) $\frac{12}{16}, \frac{7}{11}, \frac{6}{9}, \frac{5}{7}.$

5.) $\frac{1}{4}, \frac{4}{7}, \frac{6}{9}, \frac{9}{12}.$

(Voir le n° 114 de la partie de l'élève.)

SOIXANTE-NEUVIÈME LEÇON.

125. Soit le nombre 15620. Je dis qu'il est divisible par 4, parce que le nombre 20, formé par les deux derniers chiffres à droite, est un multiple de 4.

En effet, ce nombre peut être décomposé en deux parties, savoir : 156 centaines + 20 unités. Or, 4 étant diviseur d'une centaine, l'est également de 156 centaines. Si donc à 156 centaines, nombre divisible par 4, j'ajoute 20 divisible aussi par 4, la somme 15620 sera divisible par 4.

126. Décomposez le nombre en dizaines et unités, et raisonnez comme au n° 15.

127. Décomposez le nombre en mille et unités, et raisonnez comme au n° 15.

128. Ce principe est une conséquence nécessaire de notre système de numération.

SOIXANTE-ET-ONZIÈME LEÇON.

Les diviseurs de 376 sont 2, 4, 8.

Les diviseurs de 117 sont 3, 9.

Les diviseurs de 31620 sont 2, 3, 4, 5, 10... (2×3), (3×5), (4×5), (3×10), (3×4).

Les diviseurs de 68475 sont 3, 5, 11... (3×5), (3×11), (5×11), $(3\times5\times11)$.

Les diviseurs de 48035229 sont 3, 11 (3×11).

Les diviseurs de 542840 sont 2, 4, 5, 8, 10.... (4×5), (5×8).

Les diviseurs de 72632 sont 2, 4, 8.

Les diviseurs de 1710720 sont 2, 3, 4, 5, 8, 9, 10, 11... (2×3), (2×9), (2×11), (3×4), (3×5), (3×8), (3×10), (3×11), (4×5), (4×9), (4×11), (5×8), (5×9), (5×11), (8×9), (8×11), (9×10), (9×11), (10×11), (2×9), (9×11), etc., etc.

Le nombre 5846243 n'a aucun des diviseurs connus.

Les diviseurs de 3468474 sont 2, 3, 9... (2×3), (2×9).

Les diviseurs de 7648328 sont 2, 4, 8.

SOIXANTE-DOUZIÈME LEÇON.

$$\frac{72}{108} = \frac{2}{3} \dots \frac{125}{275} = \frac{5}{11} \dots \frac{238}{867} = \frac{1}{3} \dots \frac{792}{858} = \frac{12}{13} \dots \frac{5420}{7110} = \frac{58}{79} \dots$$

$$\frac{2420}{3575} = \frac{44}{65} \dots \frac{1145}{3152} \text{ est irréductible} \dots \frac{876}{875} = \frac{64}{97}.$$

SOIXANTE-TREIZIÈME LEÇON.

$\frac{128}{431}$ irréductible ... $\frac{4635}{7290}$ p. g. c. d. 45 $= \frac{103}{162}$
$\frac{2210}{2730}$ p. g. c. d. 10 $= \frac{221}{273}$ ... $\frac{1716}{3003}$ p. g. c. d. 429 $= \frac{4}{7}$
$\frac{8273}{6321}$ irréductible ... $\frac{2036}{4128}$ p. g. c. d. 24 $= \frac{113}{172}$.

SOIXANTE-QUATORZIÈME LEÇON.

1.) $\frac{42}{77}, \frac{44}{77}\dots\dots$　par ordre de valeur décroissante $\frac{4}{7}, \frac{6}{11}$.

2.) $\frac{108}{162}, \frac{135}{162}, \frac{1721}{162}\dots$ — $\frac{5}{6}, \frac{2}{3}, \frac{4}{9}$.

3.) $\frac{96}{136}, \frac{85}{136}\dots\dots$ — $\frac{12}{17}, \frac{5}{8}$.

4.) $\frac{540}{1620}, \frac{1215}{1620}, \frac{720}{1620}$, ou en simplifiant $\frac{56}{108}, \frac{81}{104}, \frac{48}{108}$ par ordre de valeur décroissante $\frac{9}{12}, \frac{4}{9}, \frac{5}{15}$.

5.) $\frac{96}{144}, \frac{72}{144}, \frac{108}{144}, \frac{120}{144}$ — $\frac{5}{6}, \frac{3}{4}, \frac{2}{3}, \frac{1}{2}$.

6.) $\frac{2580}{3633}, \frac{2881}{3633}$ — $\frac{67}{83}, \frac{28}{43}$.

7.) Je simplifie d'abord $\frac{4}{16} = \frac{1}{4}$, puis j'ai $\frac{836}{980}, \frac{312}{980}, \frac{247}{988}$ par ordre de valeur décroissante $\frac{11}{13}, \frac{6}{19}, \frac{1}{4}$.

8.) Je simplifie et j'ai $\frac{1}{6}, \frac{5}{8}, \frac{1}{3} = \frac{25}{180}, \frac{90}{180}, \frac{50}{150}$ par ordre de valeur décroissante $\frac{9}{13}, \frac{2}{10}, \frac{5}{18}$.

SOIXANTE-QUINZIÈME LEÇON.

2.) Le plus petit commun dénominateur est 18 et les fractions deviendront $\frac{12}{18}, \frac{15}{18}, \frac{8}{18}$.

4.) Le plus petit commun dénominateur est 180 et les fractions deviendront $\frac{60}{180}$, $\frac{135}{180}$, $\frac{80}{180}$, et sur les fractions simplifiées $\frac{12}{36}$, $\frac{27}{36}$, $\frac{16}{36}$.

5.) Le plus petit commun dénominateur est 12, et les fractions deviendront $\frac{8}{12}$, $\frac{6}{12}$, $\frac{9}{12}$, $\frac{10}{12}$.

8.) Le plus petit commun dénominateur est 90, et les fractions deviendront $\frac{15}{90}$, $\frac{54}{90}$, $\frac{18}{90}$ et sur les fractions simplifiées 30 $\frac{5}{30}$, $\frac{18}{30}$, $\frac{6}{30}$.

Les solutions du n° 4 et du n° 8 font voir combien il est important de simplifier les fractions avant de les réduire au même dénominateur, ainsi qu'il est dit dans la note de la 74ᵉ leçon, partie de l'élève.

SOIXANTE-SEIZIÈME LEÇON.

1.) $\frac{2}{7}+\frac{5}{8}+\frac{4}{9}=\frac{90}{513}+\frac{189}{513}+\frac{140}{513}=\frac{419}{513}=1+\frac{104}{513}$.

2.) $\frac{5}{6}+\frac{2}{5}+\frac{1}{3}+\frac{1}{2}=\frac{25}{30}+\frac{12}{30}+\frac{10}{30}+\frac{15}{30}=\frac{62}{30}=2+\frac{2}{30}=2+\frac{1}{15}$.

3.) $\frac{14}{17}+\frac{12}{23}=\frac{322}{391}+\frac{204}{391}=\frac{526}{391}=1+\frac{135}{391}$.

4.) $\frac{3}{4}+\frac{5}{12}+\frac{9}{10}+\frac{15}{24}=\frac{90}{120}+\frac{50}{120}+\frac{108}{120}+\frac{65}{120}=\frac{313}{120}=2+\frac{75}{120}$.

5.)
```
47 + 3/4 ou 189/252
52 + 6/7      216/
36 + 4/9      112/
-----------------------
137 +         13/252
```

7.)
```
 9 + 1/2 ou 15/30
 6 + 2/3      20/
10 + 4/5      24/
14 + 7/10     21/
-----------------------
41 + 20/30    2/3
```

6.)
```
15 + 6/23
19 + 11/
44 + 17/
52 + 20/
34 + 19/
-----------------------
167 + 4/23
```

8.)
```
64 + 13/57
26 + 4/
19 + 12/
16 + 6/
14 + 11/
-----------------------
139 + 46/57
```

SOIXANTE-DIX-SEPTIÈME LEÇON.

1.) $\frac{5}{11} - \frac{5}{32} = \frac{96}{352} - \frac{55}{352} = 41/352.$

2.) $\frac{4}{8} - \frac{8}{15} = \frac{12}{15} - \frac{8}{15} = 4/15.$

3.) $\frac{6}{15} - \frac{6}{25} = \frac{150}{325} - \frac{78}{325} = 72/325.$

4.) $\frac{9}{14} - \frac{15}{27} = \frac{243}{378} - \frac{182}{378} = \frac{61}{378}.$

5.) $\frac{12}{17} - \frac{12}{34} = \frac{24}{34} - \frac{12}{34} = 12/34.$

6.)　　$36 + 2/3$ ou $8/12.$
　　　　$14 + 3/4$　　$9/$
　　　　———————————
　　　　$21 + 11/12$

7.)　　$25 + 4/11$
　　　　$17 + 10/$
　　　　———————————
　　　　$7 + 5/11$

8.)　　$48 + 7/9$ ou $28/36$
　　　　$30 + 11/12$　　$33/$
　　　　———————————
　　　　$17 + 31/36$

9.)　　$50 + 3/5$ ou $21/35$
　　　　$15 + 4/7$　　$20/$
　　　　———————————
　　　　$35 + 1/35$

10.)　　$23 + 6/17$
　　　　$20 + 9/$
　　　　———————————
　　　　$2 + 14/17$

11.)　　36
　　　　$18 + 4/9$
　　　　———————————
　　　　$17 + 5/9$

12.)　　$217 + 4/9$
　　　　84
　　　　———————————
　　　　$133 + 4/9$

13.)　　84
　　　　$35 + 17/29$
　　　　———————————
　　　　$48 + 12/29$

14.)　　$135 + 10/13$
　　　　96
　　　　———————————
　　　　$39 + 10/13$

15.)　　640
　　　　$568 + 15/32$
　　　　———————————
　　　　$71 + 17/32$

SOIXANTE-DIX-HUITIÈME LEÇON.

1.) $\frac{11}{32} \times \frac{8}{8} = \frac{55}{256}.$

2.) $\frac{6}{17} \times \frac{9}{23} = \frac{54}{391}.$

3.) $\frac{56}{64} \times \frac{47}{69} = \frac{1692}{3519} = \frac{188}{391}.$

4.) $\frac{43}{75} \times \frac{52}{85} = \frac{2236}{6375}.$

5.) Les $\frac{4}{7}$ des $\frac{5}{6}$ des $\frac{5}{11}$ de $450 = \frac{4 \times 5 \times 5 \times 450}{7 \times 6 \times 11} = \frac{27000}{462} = 58 + \frac{54}{77}.$

6.) Les $\frac{8}{9}$ des $\frac{7}{12}$ de $3654 = \frac{204624}{108} = 1894 + \frac{2}{3}.$

7.) Les $\frac{4}{5}$ des $\frac{7}{10}$ des $\frac{3}{4}$ de $692 = 290 + \frac{16}{25}.$

8.) Les $\frac{2}{3}$ de la $\frac{1}{2}$ des $\frac{6}{7}$ des $\frac{5}{8}$ de $15 = 2 + \frac{19}{28}.$

9.) $42 + \frac{6}{11} \times 34 + \frac{2}{5} = \frac{468}{11} \times \frac{172}{5} = 1463 + \frac{54}{55}.$

10.) $37 + \frac{1}{2} \times 25 + \frac{1}{3} = \frac{75}{2} \times \frac{76}{3} = 950.$

11.) $62 + \frac{6}{7} \times 49 + \frac{8}{17} = \frac{440}{7} \times \frac{841}{17} = 3109 + \frac{69}{119}.$

12.) $46 + \frac{3}{5} \times 52 + \frac{2}{7} = \frac{253}{5} \times \frac{366}{7} = 2436 + \frac{18}{35}.$

13.)

```
        3642 + 17/35
   ×       268
   -----------------
        29136
        21852
         7284
          130 + 6/35
   -----------------
        976186 + 6/35
```

14.)

```
        56437
   ×      809 + 12/31
   -----------------
        507933
        451496
         21846 + 18/31
   -----------------
        45679379 + 18/31
```

15.)

```
        4723 + 4/9
   ×        63
   -----------------
        14169
        28338
           28
   -----------------
        297577
```

16.)

```
        583426
   ×       4706 + 13/15
   -----------------
        3500556
        4083982
        2333704
          505635 + 13/15
   -----------------
        2746108391 + 13/15
```

SOIXANTE-DIX-NEUVIÉME LEÇON.

1.) $\frac{5}{9} : \frac{4}{15} = \frac{5}{9} \times \frac{15}{4} = \frac{75}{36} = 2 + 1/12.$

2.) $\frac{8}{17} : \frac{15}{24} = \frac{8}{17} \times \frac{24}{15} = \frac{192}{221}.$

3.) $\frac{12}{35} : \frac{15}{18} = \frac{72}{175}.$

4.) $\frac{5}{7} : \frac{5}{7} = 1.$

5.) $\frac{6}{11} : \frac{5}{9} = \frac{54}{55}.$

6.) $\frac{18}{35} : \frac{9}{11} = \frac{2}{5}.$

7.) $24 + \frac{2}{7} : 15 + \frac{3}{4} = \frac{170}{7} : \frac{63}{4} = 1 + \frac{239}{441}$.

8.) $62 - \frac{6}{17} : 9 + \frac{6}{16} = \frac{812}{13} : \frac{159}{17} = 6 + \frac{1402}{2067}$.

9.) $36 : \frac{4}{7} = \frac{36 \times 7}{4} = 63$.

10.) $57 + \frac{1}{2} : 9 = \frac{113}{2} : 9 = \frac{113}{2 \times 9} = 6 + \frac{77}{18}$.

$\frac{6}{15} = 0,4\ldots \quad \frac{112}{237} = 0,435\ldots \quad \frac{84}{1250} = 0,0672\ldots \quad \frac{3}{8} = 0,375$.

$\frac{67}{325} = 0,206$.

$0,035 = \frac{35}{1000}\ldots \quad 0,06725 = \frac{6725}{100000}\ldots \quad 0,5 = \frac{3}{10}\ldots$

$52,28 = \frac{5228}{100} \ldots \quad 473,206 = \frac{473206}{1000}$.

QUATRE-VINGTIÈME LEÇON.

1.) Je devais 6840 ᶠ, j'ai payé $\frac{6840 \times 8}{12} = 4560$ ᶠ; donc je dois 6840 ᶠ — 4560 = 2280 ᶠ.

2.) Somme à partager.................... 1650ᶠ

Le premier a $\frac{3}{4}$ des $\frac{2}{3}$ de 1650 = 825ᶠ

Reste donc 1650 — 825 = 825

Le second a les $\frac{3}{7}$ de 825 =   353 + 4/7

$\Big\}$ 1178 + 4/7

Reste pour le 3ᵉ 1650 — 1178 + 4/7 = ... 471 + 3/7

3. 1° Le premier fait donc $\frac{1}{6}$ de l'ouvrage par jour et le second $\frac{1}{10}$. Ensemble $\frac{1}{6} + \frac{1}{10} = 4/15$.

2° Puisqu'ils font $\frac{4}{15}$ de l'ouvrage chaque jour, autant de fois $\frac{4}{15}$ seront contenus dans l'ouvrage tout entier = $\frac{15}{15}$, autant il leur faudra de jours; d'où $\frac{15}{15} : \frac{4}{15} = 3$ jours + 3/4.

4.) Il a fait $\frac{3}{7} + \frac{4}{26} + \frac{6}{30} = \frac{27}{33}$; donc il lui manque à faire encore $\frac{8}{33}$.

5.) Pierre a fait par jour $40 : 9 = 4 + \frac{4}{9}$ et Félix $65 : 12 = 5 + \frac{5}{12}$. Donc Félix a fait $5 + \frac{5}{12} - 4 + \frac{4}{9} = 35/36$ de mètre de plus que Pierre.

6.) 1° Chaque heure il entre dans le réservoir $\frac{1}{3}$ et il en sort $\frac{1}{5}$; donc il y reste $\frac{1}{3} - \frac{1}{5} = \frac{2}{15}$.

2° Il faudra donc $\frac{15}{15} : \frac{2}{15} = 7$ heures $\frac{1}{2}$.

7.) Il fera $4 + \frac{3}{4}$ fois 2 mètres $+ \frac{5}{7}$; d'où $4 + \frac{3}{4} \times 2 + \frac{5}{7}$ $= 11$ mètres $+ \frac{25}{28}$.

8.) Puisque 90 brebis sont les $\frac{3}{5}$ de celles qu'il avait, le cinquième $= \frac{90}{3}$ et le tout ou $\frac{5}{5}$ cinq fois plus $= \frac{90 \times 5}{3} = 150$. Vérification, les $\frac{3}{5}$ de $150 = 90$.

9.) Je dois faire $8 + \frac{5}{4}$ fois moins; d'où $26 + \frac{5}{11} : 8 + \frac{3}{4}$ $= 3 + \frac{1}{585}$.

10.) Dans 3 heures j'aurai fait 3 fois $2 + \frac{8}{11} = 8 + \frac{2}{11}$. Donc il me restera à faire 26 mètres $+ \frac{5}{11} - 8 + \frac{2}{11} = 18 + \frac{1}{11}$, les cinq dernières heures, et par conséquent chaque heure $18 + \frac{1}{11} : 5 = 3 + \frac{34}{55}$.

QUATRE-VINGT-UNIÈME LEÇON.

1.) Félix a fait les $\frac{5}{12}$ de 480 lignes $= 200$ lignes; Henri a fait les $\frac{4}{7}$ de $200 = 114 + \frac{2}{7}$. Donc Félix a fait de plus que Henri $200 - 114 + \frac{2}{7} = 85$ lignes $+ \frac{5}{7}$.

2.) La 1re fontaine remplit en une heure $\frac{1}{8}$ du bassin; la 2^e $\frac{1}{9}$; la 3^e $\frac{1}{12}$; la 4^e $\frac{1}{3}$; donc les 4 ensemble les $\frac{47}{72}$. Donc autant de fois $\frac{47}{72}$ seront contenus dans le bassin qui égale $\frac{72}{72}$, autant il faudra d'heures; d'où $\frac{72}{72} : \frac{47}{72} = 1$ heure $+ 25/47$.

3.) $\frac{5}{8} \times \frac{3}{9} = \frac{5}{24}$; $\frac{6}{7} \times \frac{4}{11} = \frac{24}{77}$; d'où $\frac{5}{24}$ et $\frac{24}{77}$ réduits au même dénominateur $= \frac{585}{1848}$ et $\frac{576}{1848}$; donc le second produit est plus grand que le premier de $\frac{191}{1848}$.

4.) Puisque 7680^f représentent les $\frac{8}{15}$ de la propriété, $\frac{1}{15}$ égale 8 fois moins ou $\frac{7680}{8}$ et la propriété entière ou $\frac{15}{15}$, 15 fois plus $= \frac{7680 \times 15}{8} = 14400$.

5.) Le quotient de $16 + \frac{3}{4} : 5 + \frac{2}{5} = 2 + \frac{63}{68}$; le quotient de $26 + \frac{7}{9} : 8 + \frac{3}{6} = 3 + \frac{3}{159}$; d'où $3 + \frac{3}{159}$ et $2 + \frac{63}{68}$, réduits au même dénominateur, $= 3 + \frac{540}{10812}$ et $2 + \frac{10553}{10812}$; donc le second quotient surpasse le premier de $\frac{817}{10812}$.

6.) Elle en fait $8 + \frac{1}{4}$ fois moins; d'où $32635 : 8 + \frac{1}{4} = 3961 + \frac{9}{11}$.

7.) Voir le n° 4. J'avais les $\frac{9}{2}$ de 5346 $=$ 24057^f.

8.) Voir le n° 2. Elles le feraient en $\frac{5}{4}$ d'heure.

9.) id. Ils se rencontreront après 4 jours $+ \frac{1}{9}$.

10.) Il fait $\frac{1}{10}$ de la distance chaque jour, et comme il aura marché 8 jours lorsque l'autre sera arrivé, il aura parcouru les $\frac{8}{10}$ ou les $\frac{4}{5}$ de la distance.

QUATRE-VINGT-DEUXIÈME LEÇON.

1.) En une heure il parcourrait 38 $+ \frac{3}{4}$: 12 $+ \frac{2}{5} = 3$ lieues $+ \frac{9}{132}$. Pour parcourir une lieue il lui faudra 12 $\frac{2}{5} + $: 38 $+ \frac{3}{4} = \frac{132}{465}$ d'heure.

2.) Elle a laissé à son fils les $\frac{5}{4}$ de $\frac{5}{6} = \frac{5}{8}$; donc il lui reste les $\frac{5}{6} - \frac{5}{8} = \frac{5}{24}$. Ou plus simplement : puisqu'elle a donné les $\frac{3}{4}$ de sa part il lui en reste $\frac{1}{4}$, c'est-à-dire $\frac{1}{4}$ de $\frac{5}{6} = \frac{5}{24}$.

3.) Elle a perdu d'abord les $\frac{8}{18}$ de 138600 $=$ 61600 ; donc il lui reste 77000. Elle gagne ensuite les $\frac{10}{11}$ de 77600 $=$ 70000 ; donc elle a 147000 ^{f}.

4.) Il y a 38 fois 56 briques $\frac{2}{3} = 2153 \frac{1}{3}$ à 6^f,75 le 100 $=$ 145^f,35.

5.) Les 3 robinets donnent ensemble par minutes 3 litres $\frac{2}{5} + 2$ litres $\frac{3}{4} + 3$ litres $\frac{1}{2} = 9$ litres $\frac{11}{12}$; donc le tonneau sera vidé en 360 : 9 $+ \frac{11}{12} = 36 + \frac{56}{119}$ minutes.

6.) Puisque j'ai payé les $\frac{2}{3}$ des $\frac{5}{4} = \frac{1}{2}$, je dois encore $\frac{1}{2}$; donc les 60000^f représentent la $\frac{1}{2}$ de la valeur du domaine, laquelle sera 60000 $\times 2 = 120000^f$.

7.) Puisque les $\frac{3}{4}$ des $\frac{5}{6}$, c'est-à-dire les $\frac{5}{8}$ de ce nombre, font 360, un huitième égale 5 fois moins ou 72 et le nombre, ou $\frac{8}{8}$, 8 fois plus $= 72 \times 8 = 576$.

8.) J'ai cédé les $\frac{3}{7}$; donc il me reste les $\frac{2}{7}$ de $\frac{12}{13} = \frac{24}{105}$ de la pièce d'étoffe, et je dois recevoir les $\frac{5}{7}$ de 180^f $= 128^f + \frac{4}{7}$.

9.) Elle revient à $36 + \frac{7}{12}$ fois moins ; d'où $27^f,35 : 36 + \frac{7}{12} = 0^f,747$.

10.) Puisque 24 sont les $\frac{3}{4}$ du nombre, le quart $= \frac{24}{3} = 8$; donc ce nombre $= 8$ fois $4 = 32$; d'où les $\frac{7}{9}$ de $32 = 24 + \frac{8}{9}$.

QUATRE-VINGT-HUITIÈME LEÇON.

1. Soit la fraction 0.3. En y ajoutant deux zéros, par exemple, elle deviendra 0,300. Or, si nous les écrivons toutes deux sous la forme de fractions ordinaires, nous aurons $\frac{3}{10}$ et $\frac{300}{1000}$ fractions égales entre elles, puisque pour former la seconde, nous avons multiplié les deux termes de la première par 100.

En retranchant des zéros, nous diviserions les deux termes par le même nombre.

2. On commence l'addition par la droite, afin de pouvoir reporter facilement, à la colonne suivante à gauche, les unités d'un ordre supérieur provenant de l'addition de la colonne précédente.

On commence la soustraction par la droite, à cause des emprunts que l'on fait de l'unité d'un ordre supérieur, unité que l'on doit décomposer en dix de l'ordre inférieur.

3. 1° Soit à soustraire 38 de 64. Cela revient évidemment à soustraire 3 dizaines et 8 unités de 5 dizaines et 14 unités.

2° Soit à soustraire 154 de 300. Ce dernier nombre peut évidemment aussi être décomposé en **2** centaines, **9** dizaines et **10** unités.

4. Nous retrancherions successivement chaque nombre de la somme ; et si l'opération avait été bien faite, il ne devrait rien rester.

5. Nous retrancherions le reste du grand nombre. Si l'opération avait été bien faite, nous devrions trouver le petit nombre.

6. 1° En effet, *multiplier* veut dire *répéter* ; donc, 4 multiplié par 5 signifie 4 répété cinq fois, c'est-à-dire, $4 + 4 + 4 + 4 + 4$, ce qui est une addition.

2° Cela résulte de la définition même. En effet, autant de fois nous pourrons retrancher le diviseur du dividende, autant de fois il y sera contenu.

7. 1° Car le multiplicateur indique combien de fois le multiplicande doit être répété ; donc il ne représente plus aucune espèce de choses, et la preuve, c'est que la multiplication étant une addition abrégée, le multiplicateur peut disparaître, comme nous l'avons vu dans la démonstration du n° précédent.

2° Parce que le multiplicande est le nombre qui doit être *répété*, c'est-à-dire ajouté à lui-même. Or, dans l'addition la somme (et le produit n'est réellement qu'une somme) doit être de la même espèce que les nombres à additionner.

8. Soit 156 à multiplier par 234. En multipliant par 4, j'ai 624. En multipliant par 3, j'ai 468. Mais ce n'est pas par 3 que je devais multiplier ; c'est par 3 dizaines, c'est-à-dire par un nombre 10 fois plus fort, et, par conséquent, le produit est 10 fois trop petit. Il faut donc le ramener à sa juste valeur en le rendant 10 fois plus grand, ce qui se fait en ajoutant un zéro à sa droite. Ainsi le chiffre 8 représentera des dizaines. Je le place donc sous les dizaines et je me dispense d'écrire le zéro.

Même raisonnement pour le chiffre des centaines.

QUATRE-VINGT-NEUVIÈME LEÇON.

1. Sans doute. Il suffit de placer comme à l'ordinaire le premier chiffre de chaque produit partiel à la colonne du chiffre multiplicateur. Exemple :

$$
\begin{array}{r}
43265 \\
\times \quad 5243 \\
\hline
86530 \\
173060 \\
216325 \\
129795 \\
\hline
226838395 \\
\end{array}
$$

2. Parce qu'en multipliant l'un des facteurs par 5, par exemple, je rends le produit 5 fois plus fort; mais en divisant l'autre facteur par 5, je le rends 5 fois plus petit. Donc il y a compensation.

3. Ce principe fournit le moyen de faire d'une autre manière la preuve de la multiplication. Il n'y a qu'à faire une seconde multiplication dans laquelle l'un des facteurs sera la $\frac{1}{2}$, le $\frac{1}{3}$, le $\frac{1}{4}$, etc., d'un de ceux de la règle, et l'autre le double, le triple, le quadruple, etc., de l'autre facteur de la règle. Si l'opération a été bien faite, le produit de cette seconde multiplication doit égaler celui de la première.

EXEMPLE.		PREUVE.	
4536		Tiers de 4536	1512
× 258		Triple de 258	774
36288			6048
22680			10584
9072			10584
1170288		Produit égal...	1170288

4. Non, puisque la fraction simplifiée est égale à la fraction primitive.

5. En multipliant les deux termes de chaque fraction par le produit effectué du numérateur de toutes les autres.

6. En divisant ses deux termes par le numérateur. Soit la fraction $\frac{5275}{16321}$ irréductible. En effectuant les divisions indiquées, j'ai pour quotient du numérateur 1, et pour quotient du dénominateur un nombre compris entre 3 et 4. Donc la fraction proposée est comprise entre $\frac{1}{3}$ et $\frac{1}{4}$.

LIVRE TROISIÈME.

QUATRE-VINGT-ONZIÈME LEÇON.

Puissance	1	2	3	4	5	6	7	8	9	10
1re	1	2	3	4	5	6	7	8	9	10
2^e	1	4	9	16	25	36	49	64	81	100
3^e	1	8	27	64	125	216	343	512	729	1000
4^e	1	16	81	256	625	1296	2401	4096	6561	10000
5^e	1	32	243	1024	3125	7776	16807	32768	59049	100000

2.) $36^2 = 1296$.... $36^3 = 46656$.... $125^2 = 15625$.... $125^3 = 1953125$... $18,07^2 = 326,5249$... $18,07^3 = 5900,304943$... $4,5^2 = 20,25$.... $4,5^3 = 91,125$.... $0,015^2 = 0,000225$.... $0,015^3 = 0,000003375$... $0,72^2 = 0,5184$... $0,72^3 = 0,373248$. $(\frac{2}{3})^2 = \frac{4}{9}$... $(\frac{2}{3})^3 = \frac{8}{27}$... $(\frac{12}{15})^2 = \frac{144}{225}$... $(\frac{12}{15})^3 = \frac{1728}{3375}$.

3.) $\sqrt{25} = 5$... $\sqrt{81} = 9$... $\sqrt{72} = 8$ et reste 8... $\sqrt{7} = 2$ et reste 3... $\sqrt{58} = 7$ et reste 9... $\sqrt{1} = 1$... $\sqrt{69} = 8$ et reste 5... $\sqrt{96} = 9$ et reste 15... $\sqrt{75} = 8$ et reste 11... $\sqrt{18} = 4$ et reste 2... $\sqrt{31} = 5$ et reste 6... $\sqrt{49} = 7$... $\sqrt{64} = 8$.

4.) $\sqrt[3]{125} = 5$... $\sqrt[3]{512} = 8$... $\sqrt[3]{216} = 6$... $\sqrt[3]{648} = 8$ et reste 136... $\sqrt[3]{509} = 7$ et reste 166... $\sqrt[3]{430} = 7$ et reste 87. $\sqrt[3]{845} = 9$ et reste 116... $\sqrt[3]{564} = 8$ et reste 52... $\sqrt[3]{729} = 9$... $\sqrt[3]{486} = 7$ et reste 143.

QUATRE-VINGT-DOUZIÈME LEÇON.

1. Le carré des dizaines, le double produit des dizaines par les unités et le carré des unités.

Le cube des dizaines, le triple produit du carré des dizaines par les unités, le triple produit du carré des unités par les dizaines et le cube des unités.

2.) 205... 537... 3649... 469... 47251.

3.)

$$
\begin{aligned}
37^2 = 30^2\ldots\ldots &= 900 \\
+\, 30 \times 2 \times 7 &= 420 \\
+\, 7^2\ldots\ldots &= 49 \\
\hline
&1369
\end{aligned}
\qquad
\begin{aligned}
16^3 = 10^3\ldots\ldots &= 1000 \\
+\, 10^2 \times 3 \times 6 &= 1800 \\
+\, 6^2 \times 3 \times 10 &= 1080 \\
+\, 6^3 &= 216 \\
\hline
&4096
\end{aligned}
$$

$$
\begin{aligned}
48^2 = 40^2\ldots &= 1600 \\
+\, 40 \times 2 \times 8 &= 640 \\
+\, 8^2\ldots\ldots &= 64 \\
\hline
&2304
\end{aligned}
\qquad
\begin{aligned}
23^3 = 20^3\ldots\ldots &= 8000 \\
+\, 20^2 \times 3 \times 3 &= 3600 \\
+\, 3^2 \times 3 \times 20 &= 540 \\
+\, 3^3 &= 27 \\
\hline
&12167
\end{aligned}
$$

$$
\begin{aligned}
152^2 = 150^2\ldots\ldots &= 22500 \\
+\, 150 \times 2 \times 2 &= 600 \\
+\, 2^2\ldots\ldots &= 4 \\
\hline
&23104
\end{aligned}
$$

$$
\begin{aligned}
102^3 = 100^3\ldots\ldots &= 1000000 \\
+\, 100^2 \times 3 \times 2 &= 60000 \\
+\, 2^2 \times 3 \times 100 &= 1200 \\
+\, 2^3\ldots\ldots &= 8 \\
\hline
&1001208
\end{aligned}
$$

$$(15-3)^2 = 15^2 \ldots\ldots\ldots = 225$$
$$+\ \ 3^2 \ldots\ldots\ldots = \ \ \ \ 9$$
$$\overline{234}$$
$$-\ 15 \times 2 \times 3. = \ \ 90$$
$$\text{En effet } (15-3)^2 \text{ ou } 12^2 = 144$$

$$(26-8)^2 = 26^2 \ldots\ldots\ldots = \ \ 676$$
$$+\ \ 8^2 \ldots\ldots\ldots = \ \ \ \ 64$$
$$\overline{740}$$
$$-\ 26 \times 2 \times 8. = \ \ 416$$
$$\text{En effet } (26-8)^2 \text{ ou } 18^2. = 324$$

$$(9-2)^3 = \ \ 9^3 \ldots\ldots\ldots = 729$$
$$+\ \ 9 \times 3 \times 2^2 = 108$$
$$\overline{837}$$
$$-\ \left\{ \begin{array}{lr} 2^3 \ldots\ldots\ldots & 8 \\ 9^2 \times 3 \times 2 & 486 \end{array} \right\} = 494$$
$$\text{En effet } (9-2)^3 \text{ ou } 7^3 \ldots = 343$$

$$(35-10)^3 = 35^3 \ldots\ldots\ldots = 42875$$
$$+\ 35 \times 3 \times 10^2 = 10500$$
$$\overline{53375}$$
$$-\ \left\{ \begin{array}{lr} 10^3 \ldots\ldots\ldots & 1000 \\ 35^2 \times 3 \times 10. & 36750 \end{array} \right\} = 37750$$
$$\text{En effet } (35-10)^3 \text{ ou } 25^3 \ldots = 15625$$

QUATRE-VINGT-TREIZIÈME LEÇON.

1.)	2175 et reste 2029.	**6.)**	85744 et reste 60673.
2.)	9124 et reste 10040.	**7.)**	2910 et reste 5525.
3.)	40503.	**8.)**	7348 et reste 10622.
4.)	1207.	**9.)**	1934 et reste 2292.
5.)	5135 et reste 4691.		

QUATRE-VINGT-QUINZIÈME LEÇON.

1.) $\frac{7}{12}$ ..... $\frac{4}{5}$ à $\frac{1}{5}$ près..... $\frac{5}{11}$ à $\frac{1}{11}$ près..... $\frac{193}{273}$ à $\frac{1}{273}$ près

2.) 0,620 ..... 20,57 ..... 0,180 ..... 1,7753.

3.) $6 + \frac{5}{9}$ ..... $10 + \frac{5}{12}$ ..... $15 + \frac{2}{3}$.

4.) 16,06 ..... 2,645 ..... 7,8740.

QUATRE-VINGT-SEIZIÈME LEÇON.

1.)	52.	**4.)**	4508 et reste 20644129.
2.)	688.	**5.)**	369 et reste 4583.
3.)	441.	**6.)**	123.

QUATRE-VINGT-DIX-HUITIÈME LEÇON.

1.) $\frac{4}{7}$ ..... $\frac{6}{9}$ à $\frac{1}{9}$ près..... $\frac{7}{11}$ ..... $\frac{5}{7}$.
2.) 0,71 ..... 13,4 ..... 1,46.
3.) $3 + \frac{4}{9}$ ..... $6 + \frac{1}{3}$.
4.) 7,04 ..... 2,924.

CENTIÈME LEÇON.

1.) $8^m,22$... $108^m,09$... $2^m,026$... $0^m,4$.... $0^m,10$... 1700^m... $330^m,6$... $16^m,102$... $0^m,03$... $52^m,006$.

2.) $106^l,09$... 317^l... $7^l,5$... $14320^l,38$... $12^l,02$... 90^l... $0^l,16$... $0^l,4$... $243^l,7$... $110^l,32$.

3.) $13^g,012$... 134^g... $12^g,7$... 3028^g... $0^g,05$... $0^g,003$... $28^g,016$... $0^g,7$... $2^g,109$... $0^g,04$.

4.) $1518^a,25$... $2^a,08$... $2800^a,83$... 4603^a... $51802^a,60$... $3600^a,22$... $0^a,92$... $806^a,13$... 1100^a... $5000^a,07$.

5.) $42^{st},6$... 160st... $360^{st},3$... $0^{st},9$... $11^{st},4$... $2^{st},6$... $118^{st},3$... $6^{st},4$... $0^{st},7$... 150st.

CENT ET UNIÈME LEÇON.

1. Trois cent dix-sept mètres, soixante-douze millimètres... trois mètres, quarante-sept mille deux cent soixante-huit cent-millimètres... cinq mille cent trente-sept mètres, douze centimètres... deux mètres, dix-sept millimètres... quarante-trois mètres, deux cent sept millimètres... quatorze millimètres... six mille deux cent sept dix-millimètres... cinq centimètres... trois décimètres... soixante-quinze dix-millimètres... deux mètres, huit centimètres... quatre millimètres.

2. Deux cent trente-un litres, quinze centilitres... dix-sept litres, six centilitres... neuf décilitres... vingt-sept litres, six centilitres... vingt-huit centilitres... sept centilitres.

3. Huit mille six cent deux grammes, cinq centigrammes... sept grammes, cinq cent vingt-trois milligrammes... Soixante-sept milligrammes... deux grammes, neuf centigrammes... quinze grammes, trente-quatre centigrammes... six milligrammes.

4. Cinq cent quarante-deux ares, quatre-vingt-douze centiares... seize ares, sept centiares... neuf ares, quarante-trois centiares... trois mille sept cent quinze ares, quarante centiares... soixante-cinq ares, soixante-dix centiares.

5. Six cent soixante-onze stères... douze stères, quatre décistères... huit décistères, deux cent soixante-quatre stères, trois décistères... neuf stères, neuf décistères... soixante-sept centième de stère.

6.) 36000... 47246,7... 342650... 426,836... 864,72... 3,272... 47,28... 43,6.

7.) 7,8... 0,36... 472000... 126,87... 92,6... 2380... 1340.

8.) 37,648... 2300... 0,346... 6,17648... 1470000... 713000... 4,726.

9.) 43200... 4.7267... 678400... 6,34... 86,46... 843700... 84370000.

10.)

	hect.	ares.	cent.
	34	67	»
	48	26	37
	»	18	53
	»	68	»
	3	65	47
	452	»	»
	68	32	»
	»	1	27
	8457	32	»
	524	62	17
	472	36	03
	157	32	»
	»	5	73
	472	36	03
	426	78	»
Total....	11118	60	60

CENT DEUXIÈME LEÇON.

1. quatre... deux... six.

Le 3ᵉ chiffre représente des dizaines de centimètres ; le 6ᵉ, des unités de millimètres ; le 4ᵉ, des unités de centimètres ; le 2ᵉ, des unités de décimètres ; le 5ᵉ, des dizaines de millimètres ; le 1ᵉʳ des dizaines de décimètres.

Le 5ᵉ chiffre représente des unités d'hectomètres ; le 8ᵉ, des dizaines de kilomètres ; le 3ᵉ, des unités de décamètres ; le 10ᵉ, des dizaines de myriamètres ; le 7ᵉ, des unités de kilomètres ;

le 2ᵉ, des dizaines de mètres; le 4ᵉ, des dizaines de décamètres; le 9ᵉ, des unités de myriamètres; le 6ᵉ, des dizaines d'hectomètres.

2.) 8ᵐ²,0022... 108ᵐ²,09... 2ᵐ²,0003... 628ᵐ²,003127... 1603ᵐ²... 0ᵐ,0426... 12ᵐ²,0207... 0ᵐ²,000415... 607ᵐ²,0109... 0ᵐ,030012.

3. Soixante-quatre mètres carrés, sept mille cinq cent trente-six centimètres... quatre mille sept cent vingt-deux mètres carrés, quarante-huit décimètres... sept cent vingt-cinq mille trois cent quarante millimètres carrés... cent vingt-six mètres carrés, soixante-dix décimètres... quatre cent soixante-douze mètres carrés, deux mille cent soixante centimètres... cinq mille cent vingt centimètres carrés... huit mètres carrés, six cent soixante-quatorze mille deux cent cinq millimètres... onze mètres carrés, quarante centimètres... sept cent trente millimètres carrés.

4.) 63452... 47,3256... 3500000... 80000... 42,6847... 540000... 4268500... 72,65.

CENT TROISIÈME LEÇON.

---

1. Six... trois... neuf.

Le 3ᵉ chiffre représente des unités de décimètres; le 5ᵉ, des dizaines de centimètres; le 9ᵉ, des unités de millimètres; le 2ᵉ, des dizaines de décimètres; le 6ᵉ, des unités de centimètres; le 8ᵉ, des dizaines de millimètres; le 1ᵉʳ, des centaines de décimètres; le 7ᵉ, des centaines de millimètres; le 4ᵉ, des centaines de centimètres.

Le 12ᵉ chiffre représente des centaines de kilomètres; le 6ᵉ, des centaines de décimètres; le 4ᵉ, des unités de décimètres; le 8ᵉ, des dizaines d'hectomètres; le 3ᵉ, des centaines de mètres; le 14ᵉ, des dizaines de myriamètres; le 11ᵉ, des dizaines de kilomètres; le 2ᵉ, des dizaines de mètres; le 9ᵉ, des centaines d'hectomètres ; le 13ᵉ, des unités de myriamètres ; le 5ᵉ, des dizaines de décimètres ; le 15ᵉ, des centaines de myriamètres ; le 10ᵉ, des unités de kilomètres ; le 7ᵉ, des unités d'hectomètres.

2.) $8^{m3},000022...$ $108^{m3},009...$ $2^{m3},003512...$ $7^{m3},012160026...$ $13011^{m3}...$ $622^{m3},007...$ $14903000^{m3}...$ $0^{m3}063...$ $9857^{m3}.030002.$

3. Soixante-quatre mètres cubes, sept cent cinquante-trois mille six cents centimètres... quatre mètres cubes, deux cent seize décimètres... sept cent vingt-cinq décimètres, trois cent quarante-huit centimètres... cent vingt-six mètres, sept cent décimètres... quatre mille sept cent vingt-deux mètres, quatre cent quatre-vingts décimètres... cinq cent douze décimètres... huit mètres, sept décimètres, deux cent soixante centimètres, cinquante-quatre millimètres... vingt-un décimètres, sept cent trente centimètres... sept cent vingt décimètres.

4.) $643520...$ $4732,568025...$ $3500000...$ $8000000...$ $46,272804...$ $25000000...$ $425,67...$ $64000000000...$ $64000000000000000.$

CENT QUATRIÈME LEÇON.

---

1. Il faut 100 décimètres carrés pour faire un mètre ; il faut dix dixièmes pour faire un mètre ; donc un dixième de mètre vaut $\frac{100}{10} = 10$ fois plus qu'un décimètre.

2. Il faut 1000 décimètres cubes pour faire un mètre ; il faut dix dixièmes pour faire un mètre ; donc un dixième de mètre vaut $\frac{1000}{10} = 100$ fois plus qu'un décimètre.

3. Il faut 10000 centimètres carrés pour faire un mètre ; il faut 100 centièmes pour faire un mètre ; donc un centième de mètre vaut $\frac{10000}{100} = 100$ fois plus qu'un centimètre.

4. Il faut 1000000 centimètres cubes pour faire un mètre ; il faut cent centièmes pour faire un mètre ; donc un centième vaut $\frac{1000000}{100}$ = 10000 fois plus qu'un centimètre.

5. Il faut 1000000 millimètres carrés pour faire un mètre ; il faut mille millièmes pour faire un mètre ; donc un millième vaut $\frac{1000000}{1000}$ = 1000 fois plus qu'un millimètre.

6. Il faut 1000000000 millimètres cubes pour faire un mètre : il faut mille millièmes pour faire un mètre ; donc un millième vaut $\frac{1000000000}{1000}$ = 1000000 fois plus qu'un millimètre.

7. Un décastère vaut 10 stères ou mètres cubes ; un décamètre cube vaut mille mètres ; donc un décamètre vaut $\frac{1000}{10}$ = 100 fois plus qu'un décastère.

8. Il faut 10 décistères pour faire un mètre cube ; il faut 1000 décimètres cubes pour faire un mètre ; donc un décistère vaut $\frac{1000}{10}$ = 100 fois plus qu'un décimètre.

CENT SIXIÈME LEÇON.

---

1. Dans 1658 litres il y a 16,58 hectolitres. Donc le vin coûtera 16,58 fois 26ᶠ,75 = 443ᶠ,52. J'en retirerai 1658 fois 0ᶠ,32 = 530ᶠ,56. Donc je gagnerai 530ᶠ,56 = 443ᶠ,52 — 87ᶠ,04.

2. La moitié des 36 tonneaux = 18 contiennent 18 fois 5675 litres = 102150. Donc les autres 18 contiennent 145800 litres — 102150 = 43650 litres, et chacun 18 fois ou 43650 : 18 = 2425 litres.

3.) 43 hectolitres à 23ᶠ....................... = 989ᶠ »
67 id. ou 67✕5=335 doubles déc. à 4ᶠ50 = 1507 50
74,40 qui égalent les 372 doubles déc. à 21ᶠ35 = 1588 44
47,65 qui égalent les 4765ᶩ à 19ᶠ...,......... = 905 35

Dont 232,05 valent............................ 4990 29
et chaque hectolitre 4990ᶠ,29 : 232,05 = 21ᶠ,50.

4.) L'huile a coûté 23 fois 24^f,50; car 460 litres $=$ 23 doubles décalitres . . . . 563^f,50

elle a été vendue :

140^l ou 14 décalitres à 13^f,25. . . . . 185^f,50
85 ou 17 demi-décalitres à 7^f. 119
136,3, à 1^{f}50. . . . . 204 ,45
98,7, qui égalent le reste, à 1^f,475. . . . . 145 ,58

               . 654 ,53

L'épicier a donc gagné 654^f,53 — 563^f,50. . . . . . . 91 ,03

5.)   J'ai payé, savoir :

La moitié de 6480 kil. $=$ 3240 à 157^f les 100 kil. . . . 5086^f,80
     reste 6480 — 3240 $=$ 3240

Le tiers de 3240 $=$ 1080 à 1^{f}63 le kilogr. . . . . 1760 ,40
     reste 3240 — 1080 $=$ 2160

Le cinquième de 2160 — 432 à 1^f,38 le kilogr. . . . . . 596 ,16
     reste 2160 — 432 $=$ 1728

1728 à 82^f les 50 kilogr. . . . . 2833 ,92

        Total. . . . . 10277 ,28

Somme que je veux retirer, plus le 12 p. %$_0$ qui égale. 1233 ,27

       D'où, en tout. . . . . 11510 ,55

Et par conséquent chaque kilog. 11510^f,55 : 6480 $=$ 1^f,776.

6. Autant de fois 4^f,75 seront contenus dans la somme qu'il a employée à l'achat du mérinos, autant il a acheté de mètres. Or, il avait. . . . . 6450^f, »

Il a dépensé :

à l'hôtel, du 7 février au 18 mai. 101 jours
 à 6^f,50. . . . . 656^f,50
pour ses menus plaisirs. . . . . 64 ,80
6 fois 58, 65 $=$ 351,90 $\times$ 1^f,85. . . . . 651 ,02
De plus il réserve. . . . . 225 ,00

               1597 ,32

   Reste donc pour le mérinos. . . . . 4852 ,68

   D'où 4852^f,68 : 4,75 $=$ 1021^m,62.

CENT SEPTIÈME LEÇON.

                                                      h. a. c.

1.)   37 parcelles de 4 h., 72 a., 16 c. chacune. . 174,69,02
    26   id.   96 a., 47 c.   25,08,22
    46   id.   . . . .   84,76, »
    39 (les autres) de 3 h., 14 a., 53 c. chacune. 122,66,67

                 Total. 407,20,81

Dont 203,60,40 à 2350^f l'hectare. $\Big\}$ = 840884^f,72.
  et   203,60,41 à 1780   id.

2.) $3658,45 \times 8 \times 2^f,35 = 68778^f,86.$

3.)   Le quart 8,9 à 146^f,30 . . . . . . 1302^f,07 $\Big\}$ 5307^f,07
    Le reste 2670 à 1^f,50. . . . . 4005 »

         Prix d'achat. . . . . 4272 , »

           Bénéfice. . . . . 1035 ,07

4.)   Chaque pilule pèse 0 g. 3, et il doit les vendre 0^f,136 chacune.

5.)   Puisqu'un franc pèse 5 grammes 63425 pèsent 63425 fois 5 = 317125 g. ou 317 kil., 125, à 8,50 les 50 kilog. = 53^f,91.

6.) Les $\frac{9}{10}$ de 43210^f = 38889^f et les $\frac{9}{10}$ de 65625 = 59062^f,5

CENT HUITIÈME LEÇON.

1.) Autant de fois le poids d'une planche est contenu dans le poids de la charge, autant le mulet porte de planches; d'où $\frac{123728}{3256} = 38$.

Si, à chaque voyage, un mulet porte 38 planches, chaque jour il en portera 4 fois plus = 152, et les 12 mulets en porteront 12 fois 152 = 1824. Donc autant de fois ce qu'on transporte chaque jour sera contenu dans les planches à transporter, autant il faudra de jours; d'où 45,600 : 1824 = 25 jours.

Si un mulet coûte 3ᶠ par jour, il coûter 25 fois 3 = 75 en 25 jours, et les 12 mulets coûteront 12 fois 75 = 900ᶠ.

2.)   Je dois mettre en bouteilles................ 386ˡ,40

J'ai rempli

```
40 bouteilles de 2ˡ,5 chacune........  100 )
50       id.       4................  200 )  ........  300
```

Reste à mettre dans les bouteilles de 0ˡ,60....... 86 ,40

D'où 86ˡ,40 : 0,60 = 144 bouteilles.

3.)

```
        Les 4 murs ont...................  142ᵐ²,
        Le plafond.......................   67 ,3750
                                          ──────────
        Total..............  209 ,3750
        A déduire 7 fois 2ᵐ,86............   20 ,02
                                          ──────────
                Reste.......  189 ,3550
```

A 0ˡ,72 = 136ᶠ,34.

4.) Ils ont récrépi 8 fois 187ᵐ²,42 = 1499ᵐ²,36 à 0ᶠ,40... 599ᶠ,74

Ils ont travaillé en tout 25 fois 5 = 125 journées; d'où le prix d'une journée est 599ᶠ,74 : 125 = 4ᶠ,798.

5.)   Les 6 tombereaux contiennent ensemble 6 fois 1^{m3},450 = 8^{m3},700. Donc il faudra faire 636,4 : 8,7 = 72 voyages. Donc il faudra 72 : 12 = 6 jours, et l'on devra payer 6 × 8 × 6 = 288^f.

6.)   Les 12 poutres ont ensemble 4^{m3},014 à 62^f = 248^f,87.

CENT NEUVIÈME LEÇON.

Un are vaut 100 mètres carrés; un centiare vaut 1 mètre carré; un hectare vaut 10000 mètres carrés; un kilomètre carré vaut 100 hectares; un myriamètre carré vaut 10000 hectares.

Un stère vaut 1 mètre cube, un décastère vaut 10 mètres cubes; un décistère vaut 100 décimètres cubes.

Un litre vaut 1 décimètre cube; un décalitre vaut 10 décimètres cubes; un hectolitre vaut 100 décimètres cubes; un kilolitre vaut 1 mètre cube; un décilitre vaut 100 centimètres cubes; un centilitre vaut 10 centimètres cubes.

Un centimètre cube d'eau distillée pèse un gramme; un décimètre cube pèse un kilogramme; un mètre cube pèse 1000 kilogrammes; un millimètre cube pèse un milligramme; 100 centimètres cubes pèsent 100 grammes; 10 centimètres cubes pèsent 10 grammes; 10 millimètres cubes pèsent 10 milligrammes.

Un litre d'eau pèse un kilogramme; un décalitre pèse 10 kilogrammes; un hectolitre pèse 100 kilogrammes; un kilolitre pèse 1000 kilogrammes; un décilitre pèse 100 grammes; un centilitre pèse 10 grammes.

Un franc en argent pèse 5 grammes; 10 francs pèsent 50 grammes; 100 francs pèsent 500 grammes; 1000 francs pèsent 5 kilogrammes; deux francs pèsent 10 grammes; demi-franc pèse 2 g. 5; une pièce de 20 centimes pèse un gramme.

CENT DIXIÈME LEÇON.

1.) $325^a,87 \ldots \ldots 425.$

2.) $42500 \ldots \ldots 80072.$

3.) $6000.$

4.) $400.$

5.) $12,016.$

6.) $41,75.$

7.)   12145 kilogrammes, 37625 grammes, 265 kilogrammes, 920 kilogrammes, 1700 kilogrammes, 4250 kilogr.

8.) $0^{m3},038150.$

9.)   12285 grammes.

10.) $3480.$

11.)   Ils pèsent 1408 grammes… Ils valent $99975^f.$

CENT ONZIÈME LEÇON.

1.) $25 = 34 - 5 - 9 + 12 - 7 \ldots -12 = 34 - 5 - 9 - 25 - 7 \ldots 7 = 34 - 5 - 9 - 25 + 12 \ldots 34 = 25 - 12 + 7 + 9 \ldots -5 = 25 - 12 + 7 - 34 + 9 \ldots -9 = 25 - 12 + 7 - 34 + 5.$

2.) $4 = \dfrac{9 \times 4 \times 6}{18 \times 3} \ldots 3 = \dfrac{9 \times 4 \times 6}{18 \times 4} \ldots 9 = \dfrac{4 \times 3 \times 18}{6 \times 4} \ldots$
$$4 = \dfrac{4 \times 3 \times 18}{6 \times 9}.$$

3.) $6 = \dfrac{12 \times 18 \times 3}{2 \times 6 \times 9} \ldots 9 = \dfrac{12 \times 18 \times 3}{2 \times 6 \times 6} \ldots 5 = \dfrac{12 \times 18 \times 3}{6 \times 9 \times 2} \ldots$
$2 = \dfrac{12 \times 18 \times 3}{6 \times 9 \times 3} \ldots 12 = \dfrac{6 \times 9 \times 3 \times 2}{18 \times 3} \ldots 15 = \dfrac{6 \times 9 \times 5 \times 2}{12 \times 3} \ldots$
$$3 = \dfrac{6 \times 9 \times 5 \times 2}{12 \times 13}.$$

4.) $8 = \dfrac{90 \times 10}{50} - 12 \ldots 12 = \dfrac{90 \times 10}{50} - 8 \ldots 30 = \dfrac{60 \times 10}{8 \times 12}.$

5.) $\quad a = x - y + z - b - c - d \ldots$ etc$\ldots \quad x = a + b + c$
$+ d + y - z \ldots$ etc.

6.) $\quad b = \dfrac{x}{c \times d} \ldots \quad c = \dfrac{x}{b \times d} \ldots \quad d = \dfrac{x}{b \times c}$.

7.) $\quad x = \dfrac{m}{n \times y} \ldots \quad y = \dfrac{m}{n \times x} \ldots \quad m = x \times y \times n.$

8.) $\quad a = \dfrac{x \times 2}{c} - b \ldots \quad b = \dfrac{x \times 2}{c} - a \ldots \quad c = \dfrac{x \times 2}{a + b}$.

CENT QUATORZIÈME LEÇON.

Triangle $S = \dfrac{B \times H}{2}$. Rectangle $S = B \times H$. Carré $S = $ Coté ou C^2. Parallélogramme $S = B \times H$. Trapèze $S = \left(\dfrac{B + B}{2}\right) \times H$. Losange $S = \dfrac{D \times D}{2}$. Polygone quelconque $S = T + T' + T''$, etc. Cercle $S = \dfrac{\text{Circ.} \times R}{2}$ ou πR^2. Cylindre $S = \text{Circ.} \times H$. Cône $S = \dfrac{\text{Circ.} \times H}{2}$. Cône tronqué $S = \left(\dfrac{\text{Circ.} + \text{Circ.}}{2}\right) \times H$. Sphère $S = \text{Grand cercle} \times D$ ou πD^2.

CENT QUINZIÈME LEÇON.

1. Multiplier la surface par 2, et diviser ce produit par la base.

2. Multiplier la surface par 2, et diviser ce produit par la hauteur.

3. Diviser la surface par la hauteur.

4. Diviser la surface par la base.

5. Multiplier la surface par 2, et diviser ce produit par la somme des bases.

6. Multiplier la surface par 2, diviser ce produit par la hauteur, et de ce quotient retrancher la base connue.

7. Extraire la racine carrée.

8. Extraire la racine carrée de la surface divisée par π.

9. Diviser la surface par la hauteur.

10. Diviser la surface par la base.

11. Multiplier la surface par 2, et diviser ce produit par la hauteur.

12. Multiplier la surface par 2, et diviser ce produit par la circonférence.

13. Multiplier la surface par 2, et diviser ce produit par la somme des circonférences.

14. Multiplier la surface par 2, diviser ce produit par la hauteur, et de ce quotient retrancher la circonférence connue.

15. Extraire la racine carrée de la surface divisée par π.

CENT SEIZIÈME LEÇON.

1.)	$19^m,405.$	**6.)**	$2^m,306.$
2.)	$13\ ,93.$	**7.)**	$24\ ,15.$
3.)	$67\ ,75.$	**8.)**	$5\ ,07.$
4.)	$15\ ,36.$	**9.)**	$17\ ,53.$
5.)	$140\ ,74.$	**10.)**	$1\ ,75.$

CENT DIX-HUITIÈME LEÇON.

1.) $19^m,98\dots 25,92\dots 13,04.$

2.) $22\ ,21\dots 1,65\dots 0,305.$

3.) $3118^{m2},5\dots 172^{m2},74\dots 27,22.$ Solution $\dfrac{\text{Circ.} \times \text{R}}{2}$

4.) $1886^{m2},50\dots 20^{m2},60\dots 0^{m2},442.$ Solution $\pi\,\text{R}^2.$

5.) $100^{m2},45\dots 2184^{m2},9750\dots 46664^{m2},8\dots 26124^{m2},8875\dots$
$0^{m2},1354\dots 0^{m2},00675.$

6.) $17^m,77.$

7.) $99,72.$

8.) $1267^a,36\dots 273^a,90\dots 1812^a,63.$

9.) $748^a,20\dots 315^a,06\dots 1998^a,24.$

10.) Le rectangle $= 151^a,63$; le carré $= 156^a,25$; le trapèze $166^a,32.$

Donc le trapèze a $10^a,07$ de plus que le carré et $14^a,64$ de plus que le rectangle.

CENT DIX-NEUVIÈME LEÇON.

1.) Les deux grands murs ont $2 \times 9,75 \times 3,25.$ $63^{m2},3750$
Les deux petits$\dots 2 \times 5 \times 3,25 \dots$ $32\ ,50$
Le plafond$\dots 9,75 \times 5 \dots$ $48\ ,75$

Total$\dots 144\ ,6250$

$$\text{A prélever} \begin{cases} \text{fenêtres. } 4 \times 2,25 \times 1,12..10^{m2},08 \\ \text{portes } ..3 \times 2,50 \times 1,25.. \ 9 \ \ ,3750 \end{cases} \ 19 \ ,4550$$

Reste...... .... 125 ,17

à 0^f,75 $= 93^f$,88.

2. Les murs ont 63,3750 $+$ 32,50 $-$ 19.4550 $=$ 86,42. Chaque rouleau a 3,68. Donc il faudra $\frac{86,42}{3,68} =$ 23,48 rouleaux, c'est-à-dire 23 et demi environ.

3. Le pavé $=$ 9^m,75 $\times$ 5 $=$ 48^{m2},75. Chaque brique $=$ 0,0216. Donc il faudrait $\frac{48,75}{0,0216} =$ 2257 briques.

4. Puisqu'on laisse tout autour un passage de 0^m,60, la salle réservée aux personnes ou occupée par elles sera de 8^m,55 de longueur, et de 3^m,80 de largeur; ce qui fait une superficie de 8^m,55 $\times$ 3^m,80 $=$ 32^{m2},49, et comme une personne occupe 0^m,16, la salle contiendra $\frac{32,49}{0,16} =$ 203 personnes.

5. 25^m ^{2},9875... 104^m ^{2},40... 84 ^{m2},0910.

6. Le triangle a $\frac{15 \times 10}{2} =$ 75^{m2}; donc un mètre a coûté 402^f : 75 $=$ 5^f,36.

7. La surface du cône est de $\frac{11 \times 6}{2} =$ 33^{m2}, à 3^f,50 $=$ 115^f,50.

8. Chaque triangle a $\frac{26,30 \times 8}{2} =$ 105^{m2},20; et les 4 triangles auront 420^{m2},80 à 2^f,25 $=$ 946^f,80.

9. L'appartement a 16 $\times$ 7,80 $=$ 124^m ^{2},80. Chaque planche 3.12 $\times$ 0,28 $=$ 0,8736. Donc il faudra 124,80 : 0,8736 $=$ 143 planches.

10. Le mur a 16 $\times$ 4 $=$ 64^m ^{2} : Donc il faudra 64 : 1,25 $=$ 52 mètres.

CENT VINGTIÈME LEÇON.

1.) La surface du triangle égale celle du rectangle qui est de $25 \times 12 = 300^{\,m2}$. Or, dans un triangle $B = \dfrac{S \times 2}{H}$, d'où

$$\frac{300 \times 2}{9} = 66^{\,m},666\ldots$$

2.) Le cercle égale $16 \times 16 = 256^{\,m2}$. En extrayant la racine carrée de la surface, divisée par π, soit $\sqrt{\frac{256 \times 7}{22}} = 9,025$ nous connaissons le rayon; d'où le diamètre étant double $= 18,05$.

3.) La surface est de $462,80 \times 295,35 = 136687^{\,m2},9800$ d'où le côté du carré égale $\sqrt{136687,9800} = 369,71$.

4.) Soit m l'hypoténuse et a, b, les côtés. Nous aurons $m^2 = a^2 + b^2$; d'où $m = \sqrt{a^2 + b^2}$. Or, $25^2 + 19^2 = 986$ et $\sqrt{986} = 31^{m},40$. De la formule précédente, nous tirons $a^2 = m^2 - b^2$ et $a = \sqrt{m^2 - b^2}$. Or, $63^2,50^2 - 42^2 = 2268,25$ et $\sqrt{} = 47^{m},62$.

Ainsi : 1° l'hypoténuse a $31^{m},40$ et le côté $47^{m},62$.

3° La diagonale d'un rectangle est l'hypothénuse d'un triangle rectangle. Donc $h = \sqrt{20^2 + 15^2} = 25$.

5.) Somme des côtés 64; dont la moitié est 32. Restes 14, 12, 6. $14 \times 12 \times 6 \times 32 = 32256$.. $\sqrt{32256} = 179^{\,m2},59$.

6.) Ces deux côtés sont la base et la hauteur. Donc le triangle $= \dfrac{43 \times 58}{2} = 1247^{\,m2}$.

7.) L'autre côté égale $\sqrt{64^2 - 48^2} = 42,33$. Donc le triangle $= \dfrac{42,33 \times 48}{2} = 1015^{\,m2},92$.

8.) Triangles $\dfrac{4 \times 8 \times 4,50}{2} = 72^{\,m2}$;
Trapèzes $\dfrac{4 \times 20,60 \times 3}{2} = 329,60$ $\Big\}= 401,60$ à $2^{f},30 = 923^{f},68$.

9.) Si le rayon a $0,28$, le diamètre a $0,56$ et la circonférence

$56 \times \frac{22}{7} = 1,76$. Donc la surface du cylindre est $1,76 \times 7,50 = 13^{m2},20$, et puisque l'étoffe a 0,85 de largeur, il en faudra $13,20 : 0,85 = 15^{m},53$.

10.) Le contour de la pyramide étant de 10 mètres, et ce contour étant carré, chaque côté sera de $10 : 4 = 2^{m},50$. Ce sera la base du triangle qui vaudra donc $\frac{25 \times 2,50}{2} = 31,25$ et les 4 triangles. . . . . 125^{m}.

La surface de la base de la pyramide $= 2,50 \times 2,50 =$ 6,25

Ensemble. **131,25**

Chaque feuille de cuivre a $0,6 \times 3 = 1,80$. Donc il faudra $131,25 : 1,80 \times 73$ feuilles environ.

CENT VINGT-ET-UNIÈME LEÇON.

Cube $V = \text{côté}^3$ ou C^3. Parallélipipède $V = a + b \times c$. Prisme $V = B \times H$. Pyramide $V = \dfrac{B \times H}{3}$. Cylindre $V = B \times H$ et mieux $V = \pi R^2 \times H$. Cône $V = \dfrac{\pi R^2 \times H^2}{3}$. Sphère $V = \dfrac{\pi \times D^3}{6}$.

CENT VINGT-DEUXIÈME LEÇON.

---

1. Extraire la racine cubique du volume.

2. Diviser le volume par le produit des deux côtés connus.

3. Diviser le volume par la hauteur.

4. Diviser le volume par la surface de la base.

5. Multiplier le volume par 3, et diviser ce produit par la hauteur.

6. Multiplier le volume par 3, et diviser ce produit par la surface de la base.

7. Diviser le volume par la hauteur.

8. Diviser le volume par le cercle.

9. Multiplier le volume par 3, et diviser ce produit par le cercle de la base.

10. Multiplier le volume par 3, et diviser ce produit par la hauteur.

11. Extraire la racine cubique du volume multiplié par 6 et divisé par π.

CENT VINGT-TROISIÈME LEÇON.

1.) $3^{m2},30.$		**7.)** $7^{m2},20.$
2.) $2^{m2},625.$		**8.)** $9^{m2},51.$
3.) $41^{m2},32.$		**9.)** $20^{m2},66.$
4.) $16^{m2},50.$		**10.)** $11^{m2},14.$
5.) $7^{m2},86.$		**11.)** $59^{m2},79.$
6.) $6^{m2},84.$		**12.)** $9^{m2},7.$

CENT·VINGT-CINQUIÈME LEÇON.

1. $23,25 \times 9,50 \times 0,44 = 97^{m3},185 \times 7^{f},50 = 728^{f},89.$

2. $1^{m3} : (4 \times 0,28 \times 0,04) = 22,32$ planches.

3. Le vase cylindrique a 0,88 de circonférence ; donc il a 0,28 de diamètre, ou 0,14 de rayon. Donc le cercle $= 0,14^2 \times \pi = 0^m{}^2,0616$; et le cylindre $0,0616 \times 1,60 = 0^m{}^3,098560$. D'où 98 kilogrammes 560 grammes.

4. Le bloc a 24 mètres cubes. Donc 1 mètre coûte $720 : 24 = 30^f$.

5. Le bassin a $4,60 \times 6 \times 2,20 = 60^m{}^3,720$ ou 60720 litres. Il s'écoule par minute 12 litres, et par heure 720 litres. Donc il faudra $60720 : 720 \times 84$ heures $\frac{1}{3}$.

6.) Le volume de la sphère est $\dfrac{18^3 \times \pi}{6} = 3054^{m3},86$.

7.) Ce problème revient à déterminer la hauteur d'un cylindre dont le volume égale 16^{m3} et la circonférence de la base 4^m.

Puisque la circonférence a 4^m, le rayon a les $\frac{7}{44}$ de $4 = \frac{28}{44}$. Donc le cercle $= (\frac{28}{44})^2 \times \pi = \frac{17248}{13552} = 1^{m2},27$. D'où la hauteur $= 16 : 1,27 = 12^m,60$.

8.) $1 : (2,65 \times 0,92) = 0,41$.

9.) Le vase doit contenir 230 litres ou avoir 230 décimètres cubes ; donc le cercle de la base $= 0,230 : 1,15 = 0^{m2},20$.

D'où le rayon $= \sqrt{\dfrac{0,20}{\pi}} = 0,252$; diamètre $= 0,504$ et circonférence 1,584.

10.) Le volume de la pyramide $= \dfrac{3^2 \times 10}{3} = 30^{m3}$. Donc il s'agit de déterminer la hauteur d'un cône dont le volume $= 30^{m3}$ et le rayon de la base $2^m,10$.

La surface de la base $= (2,10)^2 \times \pi = 13,86$. D'où la hauteur $= \frac{30 \times 3}{13,86} = 6,50$.

CENT-VINGT-SIXIÈME LEÇON.

Numér.	Circonf.		Long.		Volume.		Valeur.	
	m	c	m	c	m	3	f	
802	»	78	7	»	»	266	15	96
803	»	86	6	75	»	312	18	72
804	»	94	7	»	»	386	23	16
805	»	90	7	»	»	354	21	24
806	»	94	6	80	»	375	22	50
807	»	90	7	25	»	367	22	02
808	»	96	6	»	»	345	20	70
809	»	86	6	»	»	277	16	62
810	»	88	6	20	»	300	18	»
811	»	84	6	80	»	300	18	»
812	»	96	6	70	»	385	23	10
813	»	80	7	»	»	280	16	80
Totaux.......					3	947	236	82

CENT VINGT-SEPTIÈME LEÇON.

1.) La feuille de zinc a $3,25 \times 0,85 \times 0,002 = 0^{m3},005525$. Donc un pareil volume d'eau pèserait 5525 grammes, et comme le zinc pèse 6,86 fois plus, la feuille pèse $37^{kil},9015$.

2.) Chaque barre de fer a $0,07 \times 0,07 \times 2 = 0^{m3},0098$.

Les 30 barres ont 0^{m3},294. Donc elles pèsent 7,78 fois 294 kilog.
= 2287^k,32 et elles vaudront 960 ,67.

3.) Une masse d'eau égale à celle du plomb aurait 325 décimètres cubes ; mais comme le plomb est 11,35 fois plus dense que l'eau, il occupe 11,35 fois moins d'espace. Donc il a 325 : 11,35 = 0^{m3},0286.

4.) La poutre cube 0^{m3},774. Donc elle pèse 774 × 0,66 = 510 ^{k},84.

5.) Il déplace 59 décimètres cubes d'eau qui pèsent 59 kilog^s. Donc le corps perd 59 kilog^s de son poids et pèse 225 — 59 = 166 kilog^s.

6.) Les 59 décimètres de térébenthine déplacés pèsent 59 × 0,79 = 46^k,61; donc le corps pèsera 225 — 46,61 = 178^k,39.

7.) Le volume de la sphère = $\pi\frac{\times 3 \cdot 21}{6}$ 3 = 0^{m3},00848. Elle pèse donc dans l'air 7,20 fois 4^k,848 = 34 ^{k},9056 et dans l'eau 4^k,848 de moins = 30^k,0576.

8.) 358 × 1,92 = 687^k,360.

9.) 520 litres d'huile pèsent 520 × 0,91 = 473^k,20 à 1^f,75 = 828^f,10.

10.) 365 litres d'air pèseraient 365 × 0,0013 = 0^g,4745 ; et comme l'oxygène pèse 1,10 fois plus que l'air, les 365 litres d'oxygène pèseront 0,4745 × 1,10 = 0^g,52195. De même 548 litres d'azote pèsent 0^g,691...; 825 litres d'acide carbonique pèsent 0^g,5577... et 3825 litres d'hydrogène pèsent 0 ^{g},29835.

11.) Convertir le volume en poids et multiplier par la densité spécifique.

12.) Diviser le poids absolu par le poids spécifique.

LIVRE CINQUIÈME.

CENT TRENTE-UNIÈME LEÇON.

1.)   12 fois moins ou $\frac{840}{12}$ .... mètres.
2.)   12 fois plus ou 15×12 ...... jours.
3.)   10 fois plus ou 15×10 ...... jours.
4.)   25 fois moins ou   450/25 .... mètres.
5.)   8 fois moins ou   40/8 .... mètres.
6.)   50 fois moins ou   8/50 .... ouvriers.
7.)   10 fois plus ou 8×10 ...... ouvriers.
8.)   9 fois moins ou   12/9 .... heures.
9.)   360 fois moins ou   20/360 ...... jours.
10.)   75 fois plus ou 6×75 ...... mètres.
11.)   25 fois moins ou   400/25 ...... francs.
12.)   150 fois moins ou   236/150 ...... kilomètres.
13.)   236 fois moins ou   150/236 .... francs.
14.)   350 fois plus ou 15×350 ...... jours.
15.)   34 fois moins ou   72/34 .... francs.
16.)   72 fois moins ou   34/72 .... kilogrammes.
17.)   150 fois moins ou   3200/150 .... francs.
18.)   15 fois plus ou 12×15 .... heures.
19.)   12 fois plus ou 15×12 .... hommes.
20.)   15000 fois moins ou   20/15000 .... ans.
21.)   20 fois moins ou   15000/20 .... francs.
22.)   400 fois moins ou   25/400 .... francs.

23.) 400 fois plus ou 4×400 .... ans.
24.) 18 fois moins ou $760/18$ .... kilogrammes.
25.) 40 fois moins ou $120/40$ .... ballots.
26.) 40 fois plus ou 8×40 .... heures.
27.)   3 fois moins ou $30/3$ .... jours.
28.) 340 fois moins ou $125/340$ .... mètres.
29.) 640 fois moins ou $200/640$ .... personnes.
30.) 200 fois moins ou $640/200$ .... mètres.

CENT TRENTE-DEUXIÈME LEÇON.

1.)   25 fois plus ou 25×15 ...... francs.
2.)   18 fois plus ou 110×18 ...... kilogrammes.
3.)   60 fois plus on $1,15 \times 60$ ...... mètres.
4.)   15 fois moins ou $86/15$ .... jours.
5.)   5 fois moins ou $40/5$ .... ouvriers.
6.)   36 fois plus ou 4×36 ...... mètres.
7.)   25 fois plus ou 18×25 ...... mètres.
8.) 250 fois plus ou 3×250 ...... ballots.
9.)   3 fois plus ou 10×3 .... jours.
10.)   6 fois plus ou 4×6 .... jours.
11.)   8 fois moins ou $24/8$ .... heures.
12.) 88 fois plus ou $\frac{88}{4}$ .... personnes.
13.) 20 fois moins ou $48/20$ ...... heures.
14.) 10 fois moins ou $15/10$ ...... jours.
15.) 12 fois plus ou 850×12 ...... francs.
16.)   8 fois plus ou 40×8 ...... mètres.
17.)   6 fois moins ou $9/6$ .... heures.
18.) 50 fois plus ou 4×50 ...... ouvriers.
19.) 18 fois plus ou 630×18 ...... grammes.
20.) 16 fois plus ou 3×16 ...... douzaines.
21.) 80 fois moins ou $260/80$ ...... mètres.
22.) 3645 fois plus ou $\frac{3645}{760}$ .... années.

23.)	36 fois plus ou	4×36 .... francs.
24.)	22 fois moins ou	$88/22$ .... jours.
25.)	4 fois moins ou	$12/4$ .... heures.
26.)	63 fois plus ou	15×63 ...... kilomètres.
27.)	180 fois plus ou	415×180 ..... francs.
28.)	150 fois plus ou	$2,05 \times 150$ .... francs.
29.)	1850 fois moins ou	$346/1850$ ...... ans.
30.)	840 fois plus ou	$0,06 \times 840$ ..... francs.

CENT TRENTE-TROISIÈME LEÇON.

1. moins	11. moins	21. plus	31. plus	41. moins
2. plus	12. plus	22. moins	32. moins	42. plus
3. plus	13. moins	23. plus	33. plus	43. moins
4. moins	14. plus	24. moins	34. moins	44. moins
5. plus	15. plus	25. plus	35. moins	45. moins
6. plus	16. plus	26. moins	36. plus	46. moins
7. plus	17. plus	27. moins	37. moins	47. moins
8. moins	18. plus	28. moins	38. moins	48. moins
9. moins	19. plus	29. moins	39. plus	49. plus
10. plus	20. plus	30. plus	40. moins	50. plus

CENT TRENTE-QUATRIÈME LEÇON.

1. 18 ouvriers ont fait 160 mètres : combien feront 24 ouvriers ?

2. En 12 heures on a fait 36 mètres : combien faudra-t-il d'heures pour en faire 84 ?

3. 10 ouvriers ont fait 460 mètres : combien en faudra-t-il pour faire 580 ?

4. 15 couturières ont fait 64 habits dans 20 jours : combien en feraient-elles dans 9 jours ?

5. Un courrier marchant 8 heures par jour a parcouru 72 lieues en 6 jours : combien en parcourrait-il dans le même temps s'il marchait 10 heures par jour ?

6. 8 hommes ont fabriqué en 3 jours 26 petites cloches : combien en fabriqueraient 12 hommes en 8 jours ?

7. 16 portefaix ont transporté 17250 kilog^s en 4 heures : combien en transporteraient 26 portefaix en 7 heures ?

8. 164 mètres d'une certaine étoffe de 0^m,95 de largeur ont coûté 950^f : combien coûteraient 80 mètres d'une étoffe de même qualité, mais ayant 1^m,22 de largeur ?

9. Six lampes brûlent 27 litres d'huile tous les 40 jours : combien en brûleront 11 lampes semblables tous les mois ?

10. Avec un certain volume d'eau on arrose 1250 hectares de terre chaque semaine : combien d'hectares arroserait-on tous les dix jours avec un volume d'eau triple ?

11. Non; parce que le velours et le drap ne sont pas des quantités homogènes.

2. Oui, quoique nous ayons du mérinos et de la lustrine, ces deux quantités étant considérées l'une et l'autre comme surfaces et non comme étoffes.

Règle de trois simple. 1re période 6 mètres 1^m,15.
  2e id.   x   0^m,65.

3. Non; parce que les enfants et les hommes ne sont pas des quantités homogènes.

4. Oui; simple — 1re période 5 maçons 90 jours.
  2e id.   8   x

La hauteur et la longueur étant les mêmes dans les deux périodes, peuvent être supprimées.

5. Oui; simple. 1re période 12 objets 1^f,80.
  2e id.   1350   x

6. Non; la longueur et l'épaisseur n'étant pas homogènes.

CENT TRENTE-CINQUIÈME LEÇON.

1.) $\dfrac{183,75 \times 325,632}{483} = 123^f,88.$

2.) $\dfrac{15 \times 375}{200} = 28$ jours $\frac{1}{8}.$

3.) $\dfrac{12 \times 215}{132,50} = 19,47$ lieues.

4.) $\dfrac{162 \times 100}{1350} = 12$ p. %.

5.) $\dfrac{82,25 \times 4850}{1575} = 253^f,28.$

6.) $\dfrac{15 \times 400 \times 20}{375 \times 18} = 17 + 7/9$ heures.

7.) $\dfrac{1500 \times 125 \times 750}{96 \times 625} = 2343^m,75.$

8.) $\dfrac{12 \times 20 \times 12 \times 180}{30 \times 10 \times 200} = 8,64$ jours.

9.) $\dfrac{7 \times 4 \times 86 \times 132}{9 \times 50 \times 115} = 6,14$ ouvriers.

10.) $\dfrac{1250 \times 120 \times 45}{100 \times 15} = 4500^f.$

CENT TRENTE-SIXIÈME LEÇON.

Soient les problèmes 7, 8 et 10.

1500 mètres 125 de large 625 hommes à habiller.

7.) x 96   750

SOLUTION.

$$\frac{1500 \times 125 \times 750}{96 \times 625}$$

1° Le drap est moins large; donc il en faudra davantage; donc le plus grand nombre au numérateur.

2° Il faut habiller plus d'hommes; donc il faudra plus de mètres; donc le plus grand nombre au numérateur.

SIMPLIFICATION.

125   75

500   450

1500 × 125 × 750

$$\frac{}{96 \times 625} \qquad \text{reste} \frac{125 \times 75}{4} = 2343^m,75$$

32   125

8

4

8.   20 ouv. 12 heures 200 mètres 12 jours
          30   10   180 x

SOLUTION.

$$\frac{12 \times 20 \times 12 \times 180}{30 \times 10 \times 200}$$

1° Il y a plus d'ouvriers ; donc il leur faudra moins de jours ;
donc le petit nombre au numérateur.

2° On travaille moins d'heures ; donc il faudra plus de jours ;
donc le grand nombre au numérateur.

8° On doit faire moins de mètres ; donc il faudra moins de
jours ; donc le petit nombre au numérateur.

SIMPLIFICATION.

$$\frac{12 \times 20 \times 12 \times 180}{30 \times 10 \times 200} = \frac{12 \times 18}{25} = 8,64$$

10.)　　　100 élèves 1250 francs 15 jours
　　　　　　　120　　　　x　　　　45

SOLUTION.

$$\frac{1250 \times 120 \times 45}{100 \times 15}$$

1° Il y a plus d'élèves ; donc la dépense sera plus grande ;
donc le grand nombre est au numérateur.

2° Il y a plus de jours ; donc la dépense sera plus grande ;
donc, etc.

SIMPLIFICATION.

$$\frac{1250 \times 120 \times 45}{100 \times 15} \quad \text{reste } 125 \times 12 \times 3 = 4500$$

CENT TRENTE-SEPTIÈME LEÇON.

1.) $\dfrac{18 \times 16 \times 12 \times 60}{12 \times 10 \times 48} = 36$ pièces.

2.) $\dfrac{510 \times 100}{4120} = 12^f, 38$ p. %.

3.) $\dfrac{15 \times 930 \times 20}{1650 \times 12} = 14 + 1/11$ heures.

4.) $\dfrac{150 \times 9 \times 11 \times 15 \times 4,60}{8 \times 12 \times 6 \times 7,25} = 245^m,37.$

5.) $\dfrac{148 \times 7 \times 9,85}{3 \times 6,42} = 529^k,84.$

6.) $\dfrac{3500 \times 250 \times 66}{130 \times 86} = 5165^k,47.$

CENT TRENTE-HUITIÈME LEÇON.

1.) $\dfrac{97 \times 5 \times 2 \times 4}{4 \times 5 \times 3} = 64 + 2/3$ pages.

2.) $\dfrac{15 \times 20 \times 192}{30 \times 160} = 12$ jours.

3.) $\dfrac{1200 \times 10 \times 960}{8 \times 500} = 3291 + 3/7$ mètres.

J'ai réduit les fractions au même dénominateur pour savoir

quel est le drap le plus large ; et j'ai chassé les dénominateurs communs, ce qui revient à multiplier deux termes homogènes par le même nombre.

4.) $$\frac{8 \times 20 \times 90 \times 1{,}80 \times 1{,}60}{24 \times 160 \times 2 \times 1{,}20} = 4 + 1/2 \text{ jours.}$$

5.) $$\frac{12 \times 40 \times 550 \times 10}{25 \times 1600 \times 6} = 11 \text{ heures.}$$

6.) $$\frac{3 \times 4 \times 262{,}50}{7 \times 40} = 10 \text{ jours.}$$

CENT TRENTE-NEUVIÈME LEÇON.

1. 15 hommes ont fait un certain ouvrage en 18 jours : combien faudra-t-il de jours à 10 hommes pour le faire? Rép. 27.

2. En 25 jours un maçon a fait 130 mètres d'ouvrage : combien en fera-t-il en 125 jours? Rép. 650.

3. Pour 34^f on a fait transporter un certain nombre de quintaux à 39 myriamètres; où les fera-t-on transporter pour 136^f? Rép. 156 myr^s.

4. 36 ouvriers ont fait 4158 mètres : combien d'ouvriers faudra-t-il pour en faire 3726? Rép. 32,23 ouvriers.

5. Il a fallu 16 mètres d'une étoffe de 0^m,90 de large pour couvrir un mur : combien en faudrait-il d'une étoffe large de 0^m,85? Rép. 16^m,94.

6. Il a fallu 1890 kilog^s de foin pour nourrir 189 chevaux : combien en faudrait-il pour en nourrir 270? Rép. 2700 kilog^s

CENT QUARANTIÈME LEÇON.

1. Pour faire 360 mètres, 20 ouvriers ont travaillé six jours et 12 heures par jour : combien faudrait-il de jours à 15 ouvriers pour faire 160 mètres du même ouvrage, s'ils travaillaient 10 heures par jour ? Rép. 4 + 4/15 jours.

2. On a payé 450ᶠ pour le transport de 120 ballots pesant chacun 90 kilog⁸ : combien payera-t-on pour le transport de 340 ballots de 80 kilog⁸? Rép. 1133ᶠ,33.

3. Avec 12000ᶠ on a gagné 3960ᶠ en 2 ans : combien d'années faudra-t-il pour gagner 15000ᶠ avec 25000 ? Rép. 3 + 7/11 ans.

4. Avec 80 rouleaux de papier peint à 0ᵐ,05 de largeur on a tapissé trois appartements : combien faudra-t-il de rouleaux à 0ᵐ,50 pour en tapisser sept? Rép. 242 + 2/3 rouleaux.

5. 7 maçons ont fait en 15 jours un mur qui a 23 mètres de long sur 10 de hauteur : quelle sera la hauteur du mur que feront 12 maçons en 21 jours, la longueur étant de 36 mètres ? Rép. 15ᵐ,33.

6. Il a fallu 15 chevaux pour porter 60 barres de fer : combien en faudra-t-il pour porter 99 barres de bronze ? Rép. 28 chevaux.

CENT QUARANTE-UNIÈME LEÇON.

1° Pour déterminer le capital, il faut multiplier les intérêts par 100; multiplier le taux par le temps, et diviser le premier produit par le second;

Multiplier les intérêts par 100 ; multiplier le capital par le temps, et diviser le premier produit par le second ;

Multiplier les intérêts par 100 ; multiplier le capital par le taux, et diviser le premier produit par le second.

2° Comme à 1° ; seulement substituez 1200 à 100.

3°   id.   id.   36000 à 100.

PROBLÈMES

1.) $$\frac{3850 \times 100}{6 \times 4} = 16041^{\text{f}},66.$$

2.) $$\frac{1128 \times 100}{4200 \times 6} = 4^{\text{f}},476.$$

3.) $$\frac{3400 \times 100}{8650 \times 5,50} = 7,15 \text{ ans.}$$

4.) $$\frac{780 \times 36000}{4,75 \times 438} = 13496^{\text{f}},75.$$

5.) $$\frac{458 \times 1200}{3000 \times 33} = 5^{\text{f}},55.$$

6.) $$\frac{2240 \times 100}{18000 \times 5} = 2,49 \text{ ans.}$$

CENT QUARANTE-DEUXIÈME LEÇON.

1.) $$\frac{86,53 \times 1212}{60} = 1747^{\text{f}},90.$$

2.) $$\frac{64,30 \times 558}{90} = 398^{\text{f}},60.$$

3.) $$\frac{15,62 \times 486}{72} = 105^{\text{f}},435.$$

4.) $\quad \dfrac{47,28 \times 563}{80} = 332^f.733.$

5.) $\quad \dfrac{50 \times 759}{120} = 316^f,25.$

CENT QUARANTE-TROISIÈME LEÇON.

1.) $\quad \dfrac{8652,80}{1 + \left(\frac{4 \times 7}{100}\right)} = 6760^f.$

2.) $\quad \dfrac{12680}{1 + \left(\frac{0,01 \times 2264}{80}\right)} = 9885^f,97.$

3.) La formule : $\text{intérêts} = \dfrac{\text{capital} \times \text{temps}}{\text{denier}}$, donne

$$\text{capital} = \dfrac{\text{intérêts} \times \text{deniers}}{\text{temps}}.$$

4. $\quad \text{Temps} = \dfrac{\text{intérêts} \times \text{denier}}{\text{capital}},$

5. Et cette dernière formule donne :

$$\text{denier} = \dfrac{\text{temps} \times \text{capital}}{\text{intérêts}}.$$

6.) Le denier 25 correspond à — $\frac{100}{25} = 4$ p. $^o/_o$... 20 à — $\frac{100}{20} = 5$ p. $^o/_o$... 30 à — $\frac{100}{30} = 3 + 1/3$ p. $^o/_o$... 24 à — $\frac{100}{24} = 4 + 1/6$ p. $^o/_o$.

7.) $\quad \dfrac{4760 \times 101}{24 \times 12} = 1669^f,30.$

8.) $\quad 1560 \times 20 = 31200^f.$

9.) $\dfrac{2300 \times 30}{13800} = 5$ ans.

10.) $\dfrac{90480 \times 42}{12 \times 15834} = 20.$

CENT QUARANTE-QUATRIEME LEÇON.

1.) $8000 \times (1{,}05)^4 - 8000 = 1724^f{,}05.$
2.) $6000 \times (1{,}06)^8 - 6000 = 3563^f{,}08.$

CENT QUARANTE-CINQUIÈME LEÇON.

1.) Les intérêts de 3850 sont $\dfrac{3850 \times 5{,}5 \times 893}{36000} = 525^f{,}257.$

D'où le capital à placer pendant 6 mois sera de $\dfrac{525{,}257 \times 1200}{5 \times 6}$

$= 21010^f{,}28.$

2.) Voir le 2e problème de la 143e leçon.

$$\dfrac{3186}{1 + \left(\dfrac{0{,}01\ 6 \times 787}{60}\right)} = 2816^f{,}97.$$

3.) Les intérêts sont $20000 - 14500 = 5500.$ D'où

$$\dfrac{5500 \times 100}{14500 \times 5} = 7 \text{ ans } 7 \text{ mois.}$$

4.) $\dfrac{2343{,}60 \times 100}{17360 \times 3} = 4^f{,}50.$

5.)   Je dois 1° $\dfrac{43 \times 283}{60} = \dots$ 202^f,81

       2° $\dfrac{16,20 \times 254}{80} = \dots$ 51^f,44 $\Bigg\}$ 254^f,25.

6. Le taux de la première action est $\frac{58 \times 100}{882-70} = 6^f$,57. Celui de la seconde est $\frac{74 \times 100}{1173} = 6^f$,30 environ. Donc le premier placement est plus avantageux.

7. Les intérêts sont 4080 — 3400 $= 680^f$. D'où… $\frac{680 \times 100}{1080 \times 3}$ $= 3$ ans et 4 mois.

8. Les intérêts de $3000^f = \frac{30 \times 18}{80} = 6^f$,75. La commission $= \frac{1}{3}$ de $\frac{3000}{100} = 10^f$: donc le négociant fera mieux de garder son argent.

CENT QUARANTE-SIXIÈME LEÇON.

---

1. Si pour 67,80 on a 3 de rente; pour un franc on aura $\frac{3}{67,80}$, et pour 42650^f $\frac{3 \times 42650}{67,80} = 1887^f$,17.

Donc, pour connaître combien on peut acheter de rentes pour une somme donnée, multipliez la rente par la somme, et divisez le produit par le cours.

2. Si pour avoir 3^f de rente il faut verser 67^f,80, pour avoir 1^f il faudra verser $\frac{67,80}{3}$, et pour avoir 4500^f $\frac{67,80 \times 4500}{3} = 101700^f$.

Donc, pour connaître le prix d'une quantité quelconque de rentes à un cours donné, multipliez la quantité de rentes par le cours, et divisez le produit par la rente.

DE L'ESCOMPTE.

1.)   Le billet vaut $2850,45 - \left(\dfrac{2850,45 \times 8,75 \times 32}{1200} \right) = 2185^f$,35

2.) $$\frac{(5600 - 5129,45) \times 1200}{5600 \times 14} = 7^{f},20 \text{ p. } ^{o}/_{o}.$$

3.) L'escompte de la première somme $= 34^{f},72$; de la seconde $36^{f},96$; de la troisième $66^{f},99$; en tout $138^{f},67$. Donc je payerai $2571^{f},10 - 138^{f},67 = 2432^{f},43$.

4.) 141 jours environ.

CENT QUARANTE-SEPTIÈME LEÇON.

1.) $$\frac{3458 \times 100}{100 - \left(\frac{6 \times 150}{360}\right)} = 3534^{f},58.$$

2.) $$\frac{8600 \times 5}{100} + \frac{5450 \times 4,50 \times 18}{1200} = 797^{f},88.$$

3.) $$\frac{250 \times 36000}{8600 \times 90} = 11^{f},63 \text{ p. } ^{o}/_{o}.$$

4.) $$1850 - \frac{1850 \times 225 \times 7}{36000} = 1769^{f},06.$$

5.) $$\frac{3000 \times 94,15}{4,50} + \frac{1600 \times 67,80}{8} = 98926^{f},67.$$

6.) $$\frac{13460 \times 4,50}{600} = 100^{f},95.$$

7.) $$\frac{18000 \times 4,5}{96} = 843^{f},75.$$

8.) $$\frac{1500 \times 86,25}{4,50} = 28750^{f}.$$

CENT QUARANTE-HUITIÈME LEÇON.

288. Pour obtenir chacune des parts, il faut additionner les mises ou les nombres dans la proportion desquels le partage doit être fait; multiplier la somme à partager par la mise particulière, et diviser le produit par la somme des mises.

D'où la formule sera :

$$\text{part} = \frac{\text{nombre à partager} \times \text{mise particulière}}{\text{somme des mises}}$$

De cette formule nous tirerons :

1° nombre à partager $= \dfrac{\text{part} \times \text{somme des mises}}{\text{mise particulière}}$

2° mise particulière $= \dfrac{\text{part} \times \text{somme des mises}}{\text{nombre à partager}}$

3° somme des mises $= \dfrac{\text{mises particul.} \times \text{nomb. à partager}}{\text{part}}$

PROBLÈMES.

1.) La somme des mises est 3500^f. D'où

la 1re aura $\dfrac{700 \times 1200}{3500} = 240^f$.

la 2e aura $\dfrac{700 \times 800}{3500} = \mathbf{160}$

la 3e aura $\dfrac{700 \times 1500}{3500} = 300$

Total   700

2.)

137 hectares	payeront	22074ᶠ,52
126,40	—	20366ᶠ,57
44,50	—	7170ᶠ,19
67,85	—	10932ᶠ,53
38	—	6122ᶠ,86
82,75	—	13333ᶠ,33
496,50	—	80000

3.) $\dfrac{2365000 \times 500 \times 53}{14000000} = 4476^f,60.$ Donc, puisque

26500ᶠ ont rapporté 4476ᶠ,60, 100ᶠ rapportent $\dfrac{4476,60 \times 100}{26500}$

$= 16^f,89.$

CENT QUARANTE-NEUVIÈME LEÇON.

1.) Le bénéfice s'est élevé à 1300ᶠ. La mise de chacun (formule 2ᵉ de la leçon précédente) sera

$$\left.\begin{array}{lr} \text{pour le } 1^{er} & 3076^f,93 \\ \text{le } 2^e & 2692\ ,30 \\ \text{le } 3^e & 2307\ ,70 \\ \text{le } 4^e & 1923\ ,07 \end{array}\right\} 10000^f.$$

2.) Le premier a mis 7300ᶠ; le 2ᵉ 9100ᶠ. Ils ont gagné 1869ᶠ,51 et 2330ᶠ,49.

3.) Le mur vaut 3120ᶠ. Les parts des 6 ouvriers sont 390ᶠ, 624ᶠ, 858ᶠ, 468ᶠ, 546ᶠ et 234ᶠ.

4.) Puisque 3500ᶠ ont gagné 480ᶠ, un franc a gagné $\dfrac{480}{3500}$

et 24000ᶠ ont gagné $\dfrac{480 \times 24000}{3500} = 3291^f,43.$

5.) Formule 2ᵒ de la leçon précédente.... 1666ʳ,66.

6.) Formule 3ᵒ .... 65571 ,42.

7.) Paul 325ʳ...; Pierre 87ʳ,50...; Jean 176ʳ.

8.) 3120ʳ... 2600ʳ... 2080ʳ... 1300ʳ.

CENT CINQUANTIÈME LEÇON.

---

291. Il faut multiplier la mise de chaque associé par le temps qu'il l'a laissée dans la société, et opérer comme à l'ordinaire avec ces produits, qui alors représenteront les mises particulières.

Remarquons que l'unité de temps doit être la même pour chaque associé.

293. Il faut multiplier la mise et la part *confondues* de chaque associé par la somme des mises, et diviser ce produit par la somme des mises augmentée du nombre à partager.

PROBLÈMES.

1. Le premier ouvrier a employé $18 \times 12 = 216$ heures, et le second $25 \times 11 = 275$.

Le problème revient donc à celui-ci : pour $216 + 275 = 491$ heures, on a payé 150ʳ : combien devra-t-on payer pour 216 et pour 275 ? D'où le premier ouvrier recevra 65ʳ,98, et le second 84ʳ,02.

2. C'est comme si le premier berger avait laissé paître $240 \times 10 = 2400$ moutons pendant un jour, et le second $180 \times 15 = 2700$. D'où le premier devra payer 160ʳ et le second 180.

3. Voir nᵒ 294. D'où le premier avait mis 2792ʳ,21 ; le deuxième 2443ʳ,18, et le troisième 3364ʳ,61.

4. Voir n° 294. D'où le premier avait mis 7741ᶠ,94 ; le deuxième, 5967ᶠ,74 ; le troisième, 8903ᶠ,23, et le quatrième, 7387ᶠ,09.

CENT CINQUANTE-UNIÈME LEÇON.

---

1. Le premier commence par prélever 5 p. °/₀ sur les 80000ᶠ de bénéfice = 4000ᶠ. Il reste donc à partager 76000.

Le premier a mis 25000ᶠ pendant 24 mois ou 25000ᶠ × 24 = 600000 pendant un mois ; le second 40000ᶠ pendant 19 mois = 760000ᶠ, et le troisième, 60000ᶠ pendant 13 mois = 780000ᶠ.

Ainsi les mises sont 600000, 760000 et 780000ᶠ. D'où les bénéfices sont pour le premier 21308ᶠ,41 -|- 4000 = 25308ᶠ,41

$$\begin{aligned}
&\text{pour le second} \dots\dots\dots\dots\dots\dots\dots \quad 26990\ ,65 \\
&\text{pour le troisième} \dots\dots\dots\dots\dots\dots \quad 27700\ ,94 \\
&\hspace{4cm}\overline{\hspace{3cm}} \\
&\hspace{4cm} 80000
\end{aligned}$$

2. Les fractions réduites au même dénominateur deviennent $\frac{15}{90}$, $\frac{36}{90}$, $\frac{40}{90}$, $\frac{30}{90}$. Et en les multipliant toutes par 90, nous avons les nombre proportionnels 15, 36, 40 et 30 = 121. D'où la première part sera les $\frac{15}{121}$ de 48400ᶠ = 6000ᶠ ; la deuxième sera les $\frac{36}{121}$ = 14400ᶠ ; la troisième les $\frac{40}{121}$ = 16000ᶠ, et la quatrième les $\frac{30}{121}$ = 12000ᶠ.

3. Le premier entrepreneur a fourni 50 × 125 × 12 = 75000 ouvriers pendant une heure ; et le second 40 × 90 × 10 = 36000. D'où les parts de chacun seront 250000ᶠ et 120000ᶠ.

4. Il est dû au premier $\dfrac{32308,8 \times 2350}{53848} = 1410^ᶠ$; au second 518ᶠ,4 ; au troisième 744ᶠ ; au quatrième 283ᶠ,2 ; au cinquième 1051ᶠ,8.

5. La durée de la société est de 36 mois.

La 1re personne a mis :

2350^f pendant 5 mois.................... 11750^f ⎫
2350 + 2400 = 4750^f, pendant 31 mois... 147250 ⎬ 159000

La 2e a mis :

8000 pendant 20 mois.................... 160000 ⎫
8000 — 4000 = 4000 pendant 5 mois..... 20000 ⎬ 197600
4000 — 2400 = 1600 pendant 11 mois.... 17600 ⎭

La 3^e a mis :

1500 pendant 24 mois.................... 36000 ⎫
1500 + 5000 = 6500 pendant 12 mois... 78000 ⎬ 114000

La 4^e a mis :

600 pendant 6 mois..................... 3600
600 + 600 = 1200   id.   .... 7200 ⎫
1200 + 600 = 1800   id.   .... 10800 ⎪
1800 + 600 = 2400   id.   .... 14400 ⎬ 75600
2400 + 600 = 3000   id.   .... 18000 ⎪
3000 + 600 = 3600   id.   .... 21600 ⎭

Total............ 546200

D'où les parts sont 23850^f... 29640^f... 17100^f... 11348^f.

6. Le 1er a perdu $\dfrac{900 \times 3500}{6000} = 525$ et le second $\dfrac{900 \times 2500}{6000}$
= 375.

CENT CINQUANTE-DEUXIÈME LEÇON.

295. Il faut : 1° multiplier chaque quantité par la valeur
d'une unité; 2° additionner les quantités et leurs valeurs;

3° diviser la seconde somme par la première, ou la somme des valeurs par la somme des quantités.

PROBLÈMES.

1. $3460+2865+4200+1875+3740+2650=18790 : 6 = 3131,66$.
2. Les 8 mesures ont donné $37726^m,40$. D'où le huitième $=4715^m,80$.
3.

$3000^f = 6$ mois $=$	18000		
4500 $= 8$	36000	D'où $149000 : 17000 = 8$ mois 23 j.
9500 $= 10$	95000	
17000	149000	

297. Pour trouver la moyenne entre plusieurs quantités, il faut additionner les quantités et diviser la somme par le nombre des quantités additionnées.

298. Il faut multiplier le montant de chaque billet par le temps à courir jusqu'à l'échéance ; additionner d'une part les sommes des billets, et d'autre part tous les produits ; diviser la somme des produits par le montant total des billets.

CENT CINQUANTE-TROISIÈME LEÇON.

I.)   .Différences.

	19	2		4	à	19^f
21			d'où			
	25	4		2	à	21

Preuve.

4	à	19^f	$=$	76^f
2	à	25	$=$	50
6	à	21	$=$	126

Différences.

```
2.)    60   15     15      75 à 0,60              75/120 de 360 = 225
   75                  d'où            et par conséquent
       85   10 )              15 à 0,85        15/                    45
      100   25  }   75        15 à 1           15/                    45
      115   40 )              15 à 1,15        15/                    45
                           ‾‾‾‾‾‾‾                              ‾‾‾‾‾‾‾
                             120                                   360
```

Preuve.

```
225 litres   à      0',60........  135', »
 45          à      0 ,85........   38 ,25
 45          à      1 , »........   45 , »
 45          à      1 ,15........   51 ,75
‾‾‾‾                                ‾‾‾‾‾‾‾
360          à      0 ,75........  270
```

```
3.)          150    à    2 ',40......    360'
             150    à    2 ,60......    390
             300    à    3 ,10......    930
           ‾‾‾‾‾                       ‾‾‾‾‾
             600    à    2 ,80......   1680
```

```
4.)      2 au titre de 850  =   1700
         2             860  =   1720
         9             920  =   8280
                                ‾‾‾‾‾
        13 au titre de 900  =  11700
```

```
5.)      369 + 1/7    à     0',65 = 239',94 + 2/7
         138 + 3/     à     1 ,25 = 173 ,03 + 4/
         138 + 3/     à     1 ,45 = 200 ,72 + 1/
       ‾‾‾‾‾                        ‾‾‾‾‾‾‾‾‾‾‾‾‾‾
         646          à     0 ,95 = 613 ,70
```

CENT CINQUANTE-QUATRIÈME LEÇON.

1. Bénéfice fait sur les 150 mesures de 5ᶠ vendues 11... 50 × 6 = 900ᶜ.

Compensation au moyen des mesures à 15ᶠ... $\frac{900}{4}$ = 225.

D'où le mélange restant à faire sera de 600 — 375 = 225.

Et il sera de 37,5 à 6ᶠ; de 37,5 à 8ᶠ, et de 150 à 13ᶠ.

Preuve.

150	mesures à	5ᶠ	750ᶠ
37,5	à	6	225
37,5	à	8	300
150	à	13	1950
225	à	15	3375
600	à	11	6600

2.)

$$700 \times 9 = 6300$$
$$900 \times 7 = 6300$$
$$450 \times 4 = 1800$$
$$2050 \qquad 14400$$

D'où 14400 × 3600 — 2050 ou 14400 : 1440 = 10 mois.

FIN DE LA PREMIÈRE ANNÉE.

Paris. — Typ. Morris

www.ingramcontent.com/pod-product-compliance
Lightning Source LLC
LaVergne TN
LVHW021901170726
843503LV00003B/1346